QUELS SONT,

Parmi les corps organisés fossiles, recueillis en France, ceux qui n'ont encore été trouvés que dans le département de la Sarthe.

PAR M. L'ABBÉ FRÉD. DAVOUST.

Avant d'entrer dans les détails, je désire exposer le résultat de l'inventaire auquel je me suis livré. Le lecteur verra déjà, par ce résumé sommaire, que la faune fossile du département de la Sarthe renferme environ 540 espèces particulières, parmi lesquelles 31 sont encore inédites, savoir :

DANS LES ÉTAGES			
	Dévonien.......	57,	dont 6 nouvelles ;
	Carboniférien...	50 ;	
	Liasien.........	7,	dont 4 nouvelles ;
	Toarcien.......	5 ;	
	Bajocien.......	53,	dont 6 nouvelles ;
	Bathonien......	11,	dont 1 nouvelle ;
	Callovien.......	48,	dont 4 nouvelles ;
	Corallien.......	7 ;	
	Cénomanien.....	298,	dont 10 nouvelles ;
	Sénonien.......	4.	
	TOTAL	540,	dont 31 nouvelles.

Je ne me dissimule pas combien il est difficile, pour ne pas dire impossible, de répondre exactement à la question posée en tête de ce travail, parce que, pour le faire avec une entière certitude, il faudrait avoir vu toutes les collections de fossiles et parcouru tous les ouvrages traitant de paléontologie.

Cependant, après avoir consulté mes notes, les renseignements qui m'ont été fournis par plusieurs savants et les écrits le plus au courant de la science actuelle, je me suis décidé à donner une liste aussi exacte que possible des richesses fossiles spéciales à notre département, si intéressant sous le rapport géologique. Cette ébauche, tout imparfaite qu'elle est, ne sera peut-être pas tout à fait inutile; elle pourra servir d'aide à un travail plus complet.

Je vais d'abord faire la description de quelques espèces qui m'ont été indiquées comme nouvelles par plusieurs juges compétents, et me hasarder à leur donner un nom, que j'ai choisi parmi ceux de MM. les paléontologistes de la Sarthe, afin d'en faire connaître plusieurs qui ont fait de persévérantes et intelligentes recherches en faveur de la science.

Je présenterai ensuite l'inventaire des autres débris d'êtres organisés anciens, qui n'ont encore été trouvés que dans la Sarthe. Le *Prodrome de Paléontogie* de M. A. d'Orbigny, étant dans toutes les bibliothèques, j'ai cru devoir suivre la classification qu'il a adoptée. J'indique, pour les espèces qu'il a données, le numéro sous lequel chacune d'elles y est désignée. Je renvoie aussi au *Répertoire paléontologique* de M. Édouard Guéranger, pour les fossiles qui ne sont pas dans le *Prodrome*. Enfin, pour les Echinodermes, j'ai profité d'un travail manuscrit tout spécial, qu'a bien voulu m'adresser M. Cotteau, juge au tribunal de Coulommiers (Seine-et-Marne). Qu'il me soit permis de lui en faire ici mes sincères remercîments.

§ 1er.

Espèces nouvelles et inédites.

2e *étage*. — DÉVONIEN, Murchison.

CRUSTACÉS.

1. Genre DALMANIA. — Une espèce. — Viré. — Dans ma collection.

2. Genre HOMALONOTUS. — Une espèce. — Brûlon. — Dans ma collection.

MOLLUSQUES.

3. Genre Pleurotomaria, Defrance. — Une espèce. — Viré. — Dans ma collection et celle de M. Edouard Guéranger.

4. Genre Porcellia, Léveillé, 1835. — Une espèce. — Brûlon — Ma collection.

5. Genre Helcion, Montfort, 1810. — Une espèce. — Brûlon. — Ma collection.

Nota. Ces cinq espèces ont été regardées comme nouvelles par M. de Verneuil, en 1853. Nous avons besoin de nouveaux renseignements avant de leur donner un nom et d'en faire la description.

6. Genre Terebratula, Lwyd, 1699.

T. Davousti, de Verneuil (*in collectione* 1853). — Espèce très-remarquable par ses stries très-fines, un peu moins larges que les espaces qui les séparent, disposées régulièrement, de manière à former des zigzags à angles très-aigus; ces zigzags entrant les uns dans les autres et formant des demi-losanges. Un sinus médiocre au milieu de la valve dorsale et, de chaque côté de ce sinus, deux très-gros plis. Taille de nos échantillons : 4 centimètres. — Joué-en-Charnie, Brûlon. — Cette belle espèce est dans ma collection et celle de M. de Verneuil, auquel je l'ai procurée.

8e *étage*. — Liasien, A. d'Orbigny.

BRACHIOPODES.

1. Genre Spirifer, Sow. — Une espèce. — Précigné. — Collection du petit séminaire de Précigné; de M. l'abbé Richer, curé de Marçon; de M. Triger, de M. l'abbé Levrot, et la mienne.

Genre Terebratula, Lwyd, 1699

2. Une espèce que M. d'Orbigny a rapportée au *Terebratula fimbria*, Sow., de l'étage Bajocien, et qu'il indique, dans le *Prodrome*, comme de cet étage, d'après les renseignements erronés qui lui ont été communiqués, et qui est du Lias moyen de Précigné, où elle est très-commune. La contexture de son test et ses plis semblent l'éloigner du vrai *fimbria*, Sow.

Collection du petit séminaire de Précigné; de MM. Guéranger, Triger, de Lorière, l'abbé Foucault, vicaire de Brûlon; Richer, Chaudron, pharmacien au Mans; l'abbé Levrot, vicaire de Parigné-l'Évêque ; la mienne, celle du séminaire du Mans.

ECHINODERMES.

Genre DIADEMOPSIS, Desor.

3. D. PRECIGNENSIS, Cotteau, 1855 (*in manuscrip.*). — « Espèce voisine des *Diademopsis* déjà signalés dans le Lias inférieur, et notamment du *Diademopsis minima*, mais qui s'en distingue par sa forme plus déprimée et l'absence complète de tubercules secondaires. » — Précigné. — Col. du petit séminaire de Précigné ; la mienne.

Genre ARBACIA, Gray.

4. A. RICHERIANA, Cotteau, 1855 (*in manuscr.*). « Petite espèce fort jolie, circulaire, conique, présentant, sur les aires ambulacraires, quatre rangées et, sur les aires inter-ambulacraires, six à huit rangées de tubercules imperforés. Pores disposés par simples paires. » — Précigné. — Col. du petit séminaire. Dédiée à M. Richer, curé de Marçon, qui l'a trouvée.

10e *étage*. — BAJOCIEN, A. d'Orbigny.

NOTA. — MM. les géologues n'étant point d'accord sur les limites de cet étage dans les localités de la Sarthe que j'ai à indiquer, je rapporte provisoirement à la partie supérieure de l'Oolithe inférieure les fossiles de ces localités, qui paraissent si identiques pour l'ensemble de la faune avec Bayeux. Ces espèces devront peut-être être réunies à celles de l'Oolithe moyenne, ou même du Callovien.

GASTÉROPODES.

Genre NERITOPSIS, Sow., 1825.

1. N. GUERANGERI, Davoust, 1855. — Espèce à spire très-aplatie et même un peu enfoncée, ornée de quelques stries transverses ; non ombiliquée. — Indiquée dans le *Répertoire paléontologique* de M. Guéranger, sous le n° 17. — Tassé, à Hyéré. — Col. de M. Guéranger, la mienne.

Genre Pleurotomaria, Defrance, 1825.

2 P. Richeri, Davoust, 1855. — C'est une coquille à spire courte, beaucoup plus large que haute; ayant l'ouverture de l'ombilic petite et un peu oblique, les tours en gradins, aplatis en dessus, ornés, entre la suture et la bande du sinus, de côtes arquées et sinueuses, en forme d'S très-allongé et tourné en sens inverse. La bande du sinus est placée un peu plus près du bord externe que de la suture, elle est assez large, saillante, lisse, sauf les stries d'accroissement peu visibles. — Sur l'angle externe des tours, il y a 48 à 50 tubercules en forme de côtes arquées, s'étendant à peu près autant en dessus qu'en dessous et ne se prolongeant pas jusqu'à l'ombilic, mais laissant la partie inférieure des tours lisse. — Bouche beaucoup plus large que haute, anguleuse et étroite à la partie correspondant à la carène du dernier our.

Rapports et différence. — Cette espèce est si voisine du *P. Granulata*, Deslongch., qu'on pourrait la prendre pour une de ses nombreuses variétés. Mais elle n'a pas, comme lui, les côtes de la carène prolongées en dessous jusqu'à l'ombilic. La bouche surtout n'est pas carrée, elle est beaucoup plus transverse. — Tassé, à Hyéré. — Ma collection.

Genre Cerithium, Adanson, 1757.

3. C. Paumardi, Davoust, 1855. — Coquille asseza nélloge, à spire composée d'une dizaine de tours multistriés en travers, revêtus, par chaque tour, de onze côtes longitudinales, peu ou point apparentes au-dessous de la suture, mais devenant très-grosses au milieu, de manière à faire paraître cette partie comme anguleuse, et se prolongeant en dessous jusqu'à la suture du tour suivant. — Bouche ayant la columelle ornée de deux plis obliques, le canal peu prononcé, le bord opposé au côté columellaire armé de trois dents, grosses, ne se continuant pas dans l'intérieur de la coquille. — Tassé, à Hyéré. — Ma collection.

ECHINIDES.

Genre CIDARIS, Lamarck.

4. C. DAVOUSTIANA, Cotteau, 1855. — « Radiole subpyriforme, garni de stries granuleuses, disposées en séries linéaires plus ou moins régulières; remarquable par la longueur de la collerette. » — Tassé, à Hyéré. — Ma collection.

Genre CLYPEUS, Klein.

5. C. LORIEREANUS, Cotteau, 1855. — « Espèce voisine du *C. Rathieri*, mais qui s'en distingue par sa forme plus régulièrement ovale, par ses aires ambulacraires plus étroites, ses zones plus larges et son ouverture ovale moins rapprochée du bord. » — Saint-Christophe-en-Champagne. — Ma collection.

Genre PYGURUS, Agassiz, 1839.

6. P. DAVOUSTIANUS, Cotteau, 1855. « Espèce voisine du *P. Depressus*, Agas; mais qui se distingue par sa forme plus oblongue, plus étroite en avant, par sa face inférieure beaucoup plus plane. » — Avoises, à Pescheseul; Tassé, à Hyéré. — Ma collection.

11e *étage*. — BATHONIEN, A. d'Orbigny.

ECHINIDES.

Genre CLYPEUS, Klein, 1754.

1. C. BOBLAYEI, Michelin (*in collectione*) 1855. — Grande espèce à sommet excentrique, à anus profondément canaliculé, voisine du *C. sinuatus*, mais beaucoup plus déprimée. — Mamers. — Collection de M. Michelin.

12e *étage*. — CALLOVIEN, A. d'Orbigny.

ECHINIDES.

Genre PEDINA, Agassiz.

1. P. DAVOUSTIANA, Cotteau, 1855. — « Espèce subcirculaire, renflée, remarquable par la petitesse de ses tubercules, son péristome très-étroit et marqué cependant d'entailles profondes. » — Avoises, à Pescheseul. — Ma collection.

Genre HOLECTYPUS, Desor, 1842.

2. H. SARTHACENSIS, Cotteau, 1855. — « Cette espèce est voisine de l'*H. Depressus*, Agass., mais s'en distingue par sa taille plus forte, plus déprimée, plus sensiblement pentagonale, par son anus beaucoup plus marginal et qui n'est jamais visible de la face supérieure. » — Avoises, à Pescheseul; Noyen-sur-Sarthe, à Voisine; Téloché. — Ma collection, celle du petit séminaire de Précigné.

Genre CLYPEUS, Klein, 1754.

3. C. Davoustianus, Cotteau, 1855. — « Magnifique espèce, très-remarquable par le canal étroit et profond qui unit le sommet à l'anus. » — Avoises, à Pescheseul. — Ma collection.

Genre NUCLEOLITES, Lamarck, 1816.

4. N. PULVINATUS, Cotteau, 1855. « Espèce ovale, déprimée en dessus, renflée sur les bords, remarquable par son anus très-rapproché du bord postérieur. » — Mamers. — Col. de M. Bachelier.

20e *étage*. — CÉNOMANIEN, d'Orb.

GASTÉROPODES.

Genre PYRAMIDELLA, Lamarck, 1796.

1. P. FOUCAULDI, Davoust, 1855. — Espèce curieuse, d'un centimètre de hauteur sur six millim. de largeur, à tours très-anguleux, étant très-relevés en rampe. L'espace situé entre la suture et la rampe, c'est-à-dire le dessus des tours, paraît lisse, la partie inférieure est multistriée en travers. Le dessous du dernier tour est lisse au centre. — La Trugale; découvert par M. Foucauld, vicaire de Brûlon. — Ma collection.

ECHINODERMES.

Genre CIDARIS, Lamarck, 1816.

2. C. CENOMANENSIS, Cotteau, 1855. — « Voisine du *C. Vesiculosa*, Goldf., cette espèce s'en distingue par ses tubercules plus rapprochés et par quatre rangées de granules ambulacraires, au lieu de six. » — Le Mans.

3. C. PINIFORMIS, Cotteau, 1855. — « Radiole grêle, subcylindrique, très-allongé, orné, sur toute la surface, d'épines peu saillantes, espacées. » — Le Mans. — Ma collection.

Genre PHYMOSOMA, J. Haime.

4. P. DAVOUSTIANUM, Cotteau, 1855. — « Espèce déprimée, subpentagonale; tubercules à peu près égaux sur les deux aires, largement espacés, diminuant rapidement de volume à la face supérieure. Granulation intermédiaire abondante. Bouche petite, très-légèrement entaillée. » — Bousse. — Ma collection; celle de M. Guéranger.

5. P. TRIGERIANUM, Cotteau, 1855. — « Voisine du *Phymosoma Davoustianum*, cette espèce s'en distingue par ses tubercules plus nombeux, ses granules intermédiaires beaucoup moins abondants et ses pores ambulacraires dédoublés près du sommet. » — Bousse. — Ma collection; celle de M. Guéranger.

Genre DISCOIDEA, Gray.

6. D. DAVOUSTIANA, Cotteau, 1855. — « Espèce voisine du *D. subuculus*, Leske, avec lequel on la rencontre associée, mais qui s'en distingue nettement par sa taille un peu plus forte, sa forme plus déprimée, sa bouche plus grande, son anus s'étendant depuis le peristome jusqu'au bord du test. » — Bousse. — Ma collection.

Genre PYRINA, Desmoulins.

7. P. PAUMARDI, Cotteau, 1855. — « Sa forme moins ovale, ses ambulacres légèrement cortulés et son anus beaucoup plus marginal le distinguent du *P. ovulum*, Agassiz. » Dédié à M. l'abbé Paumard, directeur du musée de Précigné. — Bousse. — Ma collection.

Genre HOLASTER, Agassiz.

8. H. CARINATUS, Agassiz, 1847. — Une variété, voisine de l'*H. suborbicularis*, Agassiz, mais qui s'en distingue nettement par sa forme plus renflée, beaucoup plus élevée aux deux extrémités, par sa face inférieure plane. » — Le Mans.

NOTA. M. Cotteau avait d'abord distingué cette variété et la suivante comme espèces sous les noms de *H. Desorianus*, Cotteau, et *H. Orbignia-*

nus, Cotteau; mais un examen plus attentif de plusieurs beaux échantillons qui sont au musée du Mans les lui ont fait rapporter à l'*H. Carinatus*, comme variété.

9. H. CARINATUS, Agas. — Une seconde variété, voisine de l'*Holaster Ananchytes*, Agassiz, mais qui s'en distingue par sa forme plus acuminée en arrière, par sa face inférieure plus renflée, par son sillon antérieur plus étroit et par l'absence de gros tubercules sur le bord du sillon. — Tuffé. — Ma collection.

Genre HEMIASTER, Desor.

10. HEMIASTER Cenomanensis, Cotteau, 1855. — « Voisine de l'*H. Bufo*, Desor, cette espèce s'en distingue par sa forme moins renflée en arrière, son sillon ambulacraire antérieur plus large et plus apparent, ses aires postérieures moins arquées, son sommet plus central. » — Le Mans — Ma collection.

---

§ II.

Fossiles déjà connus, mais qui n'ont encore été trouvés, en France, que dans le département de la Sarthe.

1er *étage*. — SILURIEN, Murchison.

L'étage silurien, quoique bien développé dans la Sarthe, n'a encore fourni aucun fossile qui soit particulier à ce département.

2e *étage*. — DÉVONIEN, Murchison.

CRUSTACÉS.

Genre BRONTEUS.

1. B. BRONGNIARTI, Barrande. Espèce de Bohême. — Sablé. — Indiqué par M. de Verneuil, *Bulletin de la Société Géologique de France*, 1850.

Genre HOMALONOTUS.

2. H. BARRANDI, Marie Rouault. (*Répertoire paléontologique* de M. Guéranger, n° 5.) — Brûlon, aux Courtoisières. — Col. de MM. Guéranger et Davoust.

Genre CHEIRURUS.

3. C. GIBBUS, de Vern. (*Rép. pal.*, n 8.) — Viré, près le Pont-Mary. — Col. de M. Guéranger.

MOLLUSQUES CÉPHALOPODES.

Genre TROCHOCERAS. Barrande.

4. T. LORIEREI, Barrande, remarquable surtout par son enroulement spiral dont l'angle est très-aigu, comparativement aux autres espèces connues, et qui n'ont encore été signalées qu'en Bohême, par M. Barrande. — Brûlon, aux Courtoisières. — Col. de M. de Lorière.

Genre ORTHOCERATITES. Breynius, 1732.

5. O. IRREGULARIS, Munster, 1850. *Prodrome*, n° 65. Espèce de Bavière. — Viré. — Col. de M. Davoust.

GASTÉROPODES.

Genre LOXONEMA. Phillips, 1841.

6. L. HENNAHIANA, Phill., 1841. *Prodrome*, n° 225. Espèce du Devonshire. — Viré, Mareil-en-Champagne. — Col. de MM. Guéranger, Chaudron, de Lorière, Triger, Davoust, Foucauld, musée du petit séminaire de Précigné, du séminaire du Mans.

Genre MACROCHEILUS. Phillips, 1841.

7. M. ACUTUS, Phill., 1841. *Prodr.*, étage 3e, n° 155. — Viré, Mareil-en-Champagne. — Col. de MM. de Lorière, Guéranger, Davoust.

Genre STRAPAROLUS. Montfort, 1808.

8. S. SUBALATUS, de Vern. Species, 1850. — Brûlon, Viré. — Col. de MM. Guéranger, Davoust, de Lorière.

Genre MACLURITES.

9. M. BARRANDEI, de Verneuil, 1850. *Bulletin de la Société Géologique*. — Brûlon. — Col. de M. de Verneuil.

Genre TURBO. Linné, 1758.

10. T. CORNU-ARIETIS, d'Orb., opoo. Hisinger *Prod.*, 1er étage

B, n° 59. — Brûlon, Viré. — Col. de MM. Guéranger et Davoust.

11. T. FUNATUS, d'Orb. sp. Sow. *Prod.*, 1er étage B, n° 60. — Brûlon. — Col. de M. Davoust.

Genre CAPULUS. Montfort, 1810.

12 C. LORIEREI, de Vern., 1850, *Bulletin de la Société Géologique.* — Brûlon, aux Courtoisières. — Col. de MM. de Lorière, Guéranger, Davoust, Foucauld, musée du petit séminaire de Précigné.

13. C ROBUSTUS? Barrande. — Brûlon, Viré, Joué-en-Charnie. - Col. de MM. Guéranger, de Lorière, Triger, Chaudron, Davoust, Foucauld, Levrot, musées du petit seminaire de Précigné, du séminaire du Mans.

Genre BELLEROPHON. Montfort, 1810.

14. B. ANGULATUS, Ed. Guéranger. *Rép. pal.*, n° 29. — Viré. — Col. de MM. Guéranger et Davoust.

15. B. SUBDECUSSATUS, de Vern., 1850. *Bulletin de la Société Géologique.* — Viré. — Col. de MM. Guéranger, de Lorière, Davoust, Chaudron, Triger, musée de Précigné.

16. B. VERNEUILI, Ed. Guér., 1853. *Rép. pal.*, n° 30. — Brûlon. — Col. de MM. Guéranger, Davoust, Richer.

Genre CONULARIA. Sow.

17. C. KONINCKII, Ed. Guér., 1853. *Rép. pal.*, n° 33. — Brûlon. — Col. de M. Guéranger.

LAMELLIBRANCHES.

Genre AVICULA. Klein, 1753.

18. A. ORBIGNYI, Ed. Guér., 1853. *Rép. pal.*, n° 36. — Joué-en-Charnie. — Col. de MM. Guéranger et Davoust.

Genre PTERINEA. Goldfuss.

19. P. ELEGANS, Goldf., *Prod.*, n° 728 — Viré, Brûlon, Joué-en-Charnie. — Col. de MM. Guéranger, Davoust, musée de Précigné.

BRACHIOPODES.

Genre PRODUCTUS. Sow., 1812.

20. P. Lorieri, d'Orb., 1847. *Prod.*, n° 779. — Viré. — Col. de M. de Lorière.

Genre CHONETES. Fischer, 1837.

21. C. minuta? de Vern. *Prod.*, n° 785, Spec. de Buch. — Viré, Brûlon. — Col. de MM. Guéranger et Davoust.

22. C. Boblayei, de Vern., 1850. — Viré, Brûlon, Joué. — Col. de MM. Guéranger, Davoust, Triger, de Lorière, Chaudron, Foucauld, Levrot, Richer, musée de Précigné.

Genre LEPTENA. Dalman, 1828.

23. L. Bohemica, Barrande, de Vern. *Bulletin de la Société Géologique de France*, année 1850. — Viré. — Col. de MM. Guéranger et Davoust.

24. L. Davousti, de Vern., 1850. — *Bulletin de la Société Géologique.* — Brûlon. — Col. de M. Davoust, musée de Précigné.

25. L. clausa, de Vern., 1850. *Bulletin de la Société Géologique* — Viré. — Col. de MM. Davoust, Chaudron, Richer, musée de Précigné.

Genre ORTHIS. Dalman, 1827

26. O. Gervillei, Barr. Var. à stries fines, de Vern., 1850. *Bulletin de la Société Géologique.* — Brûlon, Viré, Joué-en-Charnie. — Col. de MM. Guéranger, de Lorière, Triger, Davoust, Chaudron, Foucauld, Levrot, Richer, Musée de Précigné.

Genre HEMITHIRIS. d'Orb., 1847.

27. H. crispata, d'Orb. *Prod.*, 1er étage B, n° 174. Sp. Sow. — Viré. — Col. de MM. Guéranger et Davoust.

Genre ATRYPA. Dalman., 1828.

28. A primipilaris, d'Orb. *Prod.*, n° 864. Sp. de Buch. — Viré, Joué-en-Charnie, Brûlon. — Col. de MM. Guéranger et Davoust.

29. A. Walhembergii, d'Orb. *Prod.*, n° 890. Spec. Goldf. — Brûlon. — Col. de M. Davoust.

Genre PENTAMERUS. Sow., 1813.

30. P. globus, de Vern. Sp Bronn. *Prod.*, n° 917. — Viré, Brûlon. — Col. de MM. Guéranger et Davoust.

Genre SPIRIFER. Sow., 1820.

31. S. cultrijugatus, Rœmer. *Prod.*, n° 953. — Joué-en-Charnie. — Col. de M. Guéranger.

32. S. Trigeri, de Vern., 1850. *Bulletin de la Société Géologique.* — Brûlon, Joué-en-Charnie. — Col. de MM. Guéranger, Triger, Davoust, Richer, musée de Précigné.

33. S. Pellico, de Vern. et d'Arch., 1845. *Prod.*, n° 967. — Joué-en-Charnie, Loué, carrière de Pallée. — Col. de MM. Guéranger, Davoust, de Lorière, musée de Précigné.

Genre SPIRIGERA. d'Orb., 1847.

34. S. Hispanica, d'Orb. *Prod.*, n° 1007. Spec. d'Arch. et de Vern. — Viré, Joué en-Charnie. — Col. de MM. Guéranger et Davoust.

Genre ORBICULOIDEA. d'Orb., 1847.

35. O. Edwardsii, Ed. Guér., 1853. *Rép. pal.*, n° 91. — Brûlon. — Col. de M. Guéranger.

CRINOIDES.

Genre PLATICRINUS. Miller.

36. P....., espèce voisine du *P. Granulatus.* Miller. — Viré, Loué, Juigné-sur Sarthe. — Col. de MM. Guéranger et Davoust.

Genre TENTACULITES. Miller.

37. T. annulatus, Schlolt. *Prod.*, n° 404. 1. A. — Viré, Brûlon. — Col. de MM. Guéranger et Davoust.

38. T. scalaris, Schloth. *Prod.*, n° 403. Etage 1, A. — Viré, Brûlon. — Col. de MM. Guéranger et Davoust.

39. T. striatus, Ed. Guér., 1853. *Rép. pal.*, n° 119. — Viré. — Col. de M. Guéranger.

40. Un genre nouveau (tête). — Mareil. — Col. de M. Davoust.

41. Des pièces aplaties triangulaires, ayant appartenu à un genre de crinoïdes. — Joué-en Charnie. — Col de M. Davoust.

ZOOPHITES.

Genre AMPLEXUS. Sow.

42. A. ANNULATUS, de Vern. et J. Haime, 1850. *Bulletin de la Société Géologique.* — Viré, Brûlon. — Col. de MM. Guéranger et Davoust.

Genre HELIOLITES. Miln. Edw. et J. Haime, 1850.

43. H. MURCHISONI, M. Edw. et J. H., 1850. — Viré. — Col. de M. de Verneuil.

Genre CYATHOPHILLUM. Goldf., 1830.

44. C. HELIANTHOIDES, Goldf., 1831. *Prod.*, n° 1135. — Joué-en-Charnie. — Col. de M. de Verneuil.

45. C. QUADRIGEMINUM, Goldf., 1831. *Prod.*, n° 1146-1149. — Viré. — Col. de M. de Verneuil.

Genre MICHELINIA. De Koninck, 1844.

46. M. GEOMETRICA. Miln. Ed. et J. Haime, 1850. — Viré, Loué, Mareil-en-Champagne. — Col. de MM. Guéranger, de Lorière, Chaudron, Davoust, Richer, musées de Précigné, du séminaire du Mans.

Genre FAVOSITES. Lamarck, 1816.

47. F. CORNIGERA, d'Orb. *Prod.*, n° 1159. Sp. Goldf. — Viré. — Col. de M. Davoust.

48. F. FIBROSA, Lonsdale, 1839. *Prod.*, n° 381, 1er étage B. — Viré. Col. de MM. Guéranger, de Lorière, Davoust, Chaudron, musée de Précigné.

Genre CHÆTETES. Fischer, 1837.

49. C. TRIGERI, M. Edw. et J. H., 1850. — Brûlon. — Col. de MM. Guéranger et Davoust.

Genre BEAUMONTIA. M. Edw. et J. Haime, 1850.

50. B. GUERANGERI, M. Edw. et J. Haime, 1850. — Viré, Brûlon. — Col. de MM. Guéranger et Davoust.

Genre CHONOPHILLUM. M. Edw. et J. H., 1850.

51. C. PERFOLIATUM, M. Edw. et J. H., 1850. — Brûlon. — Col. de M. Davoust.

3e *étage*. — CARBONIFÉRIEN. d'Orb.

CRUSTACÉS.

Genre PHILLIPSIA. Portlock.

1. P. GEMMULIFERA, de Kon. — Juigné-sur-Sarthe. — Col. de MM. Guéranger, Davoust, Richer, musée du petit séminaire de Précigné

2. P. DERBYENSIS, de Kon. — Juigné-sur-Sarthe. — Col. de MM. Guéranger, Richer, Davoust, musée de Précigné.

MOLLUSQUES.

Genre NAUTILUS. Breynius.

3. N CORDIERI, N. Desportes. *Rép. pal.*, n° 3. — Col. du musée du Mans.

Genre STRAPAROLUS. Montfort, 1810.

4. S. PENTANGULATUS, d'Orb. Spec. Sow. *Prod.*, n° 185. — Juigné-sur-Sarthe, Solesmes. — Col. de MM. Guéranger, Davoust, Chaudron, musée de Précigné.

5. S DIONYSII, Montfort, 1808. d'Orb. *Prod.*, n° 192. — Juigné-sur-Sarthe. — Col. de MM. Guéranger et Davoust.

6. S. HELICOIDES, d'Orb., 1847. Sp. Sow. *Prod.*, n° 191. — Juigné-sur-Sarthe. — Col. de M. Davoust.

7. S. CATILLUS, d'Orb. Spec. Sow. *Prod.*, n° 196. — Juigné-sur-Sarthe, Solesmes. — Col. de MM. Guéranger et Davoust.

8. S. LÆVIGATUS, d'Orb. Sp. Léveillé, 1835. *Prod.*, n° 205. — Juigné-sur-Sarthe. — Col. de M. Davoust.

Genre TURBO, Linné, 1758.

9. T. TIARA, Sow., 1827., d'Orb. *Prod.*, n° 211. — Juigné-sur-Sarthe. — Col. de M. de Lorière.

Genre CAPULUS, Montfort, 1810.

10. C. VETUSTUS, de Koninck. Sp. Sow. *Prod.*, n° 315.— Juigné-sur-Sarthe. — Col. de MM. Guéranger et Davoust.

Genre BELLEROPHON, Montfort, 1808.

11. B. CORRIEI, d'Orb., 1840 *Prod.*, n° 320.—Solesmes. — Col. de M. Guéranger.

12. B. BICARINUS, Léveillé, 1835. *Prod.*, 323. — Juigné-sur-Sarthe. — Col. de M. Guéranger.

13. B. SOWERBYI, d'Orb., 1840. *Prod.*, n° 321. — Juigné-sur-Sarthe. — Col. de M. Guéranger.

14. B. HIULCUS, Sow., 1825. *Prod.*, n° 327. — Juigné, Solesmes. — Col. de MM. Guéranger et Davoust.

15. B COSTATUS, Sow., 1825. *Prod.*, n° 328. — Juigné, Solesmes. — Col. de M. Guéranger.

16. B. SOLESMENSIS, Ed. Guér., 1853. *Rép. pal.*, n° 9. — Juigné-sur-Sarthe. — Col. de MM Guéranger et Davoust.

LAMELLIBRANCHES.

Genre CYPRICARDIA, Lamarck, 1801.

17. C. SQUAMIFERA, d'Orb., 1847. Spec. Phillips, 1836. *Prod.*, n° 414. — Juigné-sur-Sarthe. — Col. de MM. de Lorière, Guéranger, Davoust, musée de Précigné.

Genre CONOCARDIUM, Bronn., 1835.

18. C. FUSIFORME, d'Orb., 1847. Sp. M. Coy, 1844. *Prod.*, n° 437. — Juigné-sur-Sarthe. — Col. de M. de Verneuil.

19. C. ALÆFORME? d'Orb. Sp. Sow. *Prod.*, n° 441. — Juigné-sur-Sarthe. — Col. de M. Davoust.

20. C. HYBERNICUM, Agassiz, d'Orb. *Prod.*, n° 442. — Juigné-sur-Sarthe. — Col. de MM. Guéranger et de Lorière.

BRACHIOPODES.

Genre PRODUCTUS, Sow., 1812.

21. P. PLICATILIS, Sow., 1824., d'Orb. *Prod.*, n° 671. — Juigné. — Col. de M. Guéranger.

22. P. SEMIRETICULATUS, Flemming, 1828, d'Orb. *Prod.*, n° 675. — Juigné-sur-Sarthe. — Col. de MM. Guéranger, Davoust, de Lorière.

23. P. PUSTULOSUS, Phill., 1836., d'Orb. *Prod.*, n° 686. — Juigné-sur-Sarthe. — Col. de MM. Guéranger, de Lorière, Davoust.

Genre CHONETES. Fischer, 1837.

24. C. COMOIDES, de Koninck, 1848, d'Orb. *Prod.*, n° 702. — Juigné-sur-Sarthe. — Col. de MM. Guéranger et Davoust.

Genre LEPTÆNA. Dalm., 1828.

25. L. ARACHNOIDEA, d'Orb., 1847. *Prod.*, n° 713. — Juigné-sur-Sarthe, Sablé. — Col. de MM. Guéranger, de Lorière, Davoust.

Genre STROPHOMENA. Rafinesque, 1831.

26. S. DEPRESSA, d'Orb., 1828. *Prod.*, n° 720. — Juigné-sur-Sarthe. — Col. de M. Davoust

Genre ORTHIS. Dalm., 1827.

27. O. CRENISTRIA, d'Orb. Sp. Phill. *Prod.*, n° 723. — Juigné-sur-Sarthe. — Col. de M. de Lorière.

28. O. RESUPINATA, de Koninck. *Prod.*, n° 727. — Sablé, Juigné. — Col. de M. Guéranger.

Genre ATRYPA. Dalm., 1828.

29. A. ACUMINATA, d'Orb. *Prod.*, n° 741. — Juigné-sur-Sarthe. — Col. de MM. Guéranger et Davoust.

Genre SPIRIFER. Sow., 1820.

30. S. GLABER, Sow., 1821, d'Orb. *Prod.*, n° 772. — Juigné. — Col. de M. Guéranger.

31. S. CUSPIDATUS, Sow., 1818, d'Orb. *Prod.*, n° 775. — Juigné. — Col. de MM. Guéranger, Davoust, de Lorière.

32. S. STRIATUS, Sow., 1821, d'Orb. *Prod.*, n° 777. — Juigné. — Col. de M. Davoust.

Genre TEREBRATULA. Lwyd., 1699.

33. T. SACCULUS, Martin, 1809. *Prod.*, n° 825. — Juigné sur-Sarthe. — Col. de MM. Guéranger et Davoust.

2

ÉCHIDONERMES.

Genre PALÆCHINUS. M'Coy., 1844.

34. P. Verneuili, Ed. Guér. *Rèp. pal.*, n° 36. — Juigné. — Col. de M. Guéranger.

ZOOPHITES.

Genre ZAPHRENTIS. Rafinesque et Clifford.

35. Z. Phillipsii, M. Edw. et J. Haime. (*Rép. pal.*), n° 39 — Juigné. — Col. de M. Guéranger.

36. Z. excavata, M. Edw. et J. H. (*Rép. pal.*), n° 40. — Juigné. — Col. de M. Guéranger.

37. Z. Guerangeri, M. Edw. et J. H. (*Rép. pal.*), n° 41. — Juigné. — Col. de M. Guéranger.

38. Z. cornu-copiæ, Sp. Michelin. *Prod.*, n° 965. — Juigné. — Col. de M. Davoust.

Genre CYATHAXONIA. Michelin, 1846.

39. C. plicata, d'Orb., 1847. *Prod.*, n° 968. — Juigné. — Col. de M. de Lorière.

Genre CYSTIPHYLLUM. Lonsdale, 1839.

40. C. Vesiculosum, Phillips, d'Orb. *Prod.*, 2 étage, n° 1137. — Juigné. — Col. de M. Davoust. — Notre échantillon a été déterminé par M. J. Haime.

Genre MICHELINIA. Koninck, 1844.

41. M. tenuisepta, Koninck, 1844. — Juigné. — Col. de MM. Guéranger et Davoust.

VÉGÉTAUX.

Genres CALAMITES.

42. C. dubius, Artis; Ad. Brong., *Bulletin de la Société géologique*, année 1850. — Poillé, Asnières. — Col. de MM. Guéranger, de Lorière, Davoust.

Genre SPHENOPTERIS.

43. S. Hoeninghausi, Var. major, Ad. Brong. *Bulletin de la Société géologique.* — Poillé, Asnières. — Col. de MM. de Lorière, Guéranger, Davoust, musée de Précigné.

44. S. FURCATA, Ad. Brong. *Bulletin de la Société géologique.* — Poillé. — Col. de MM. de Lorière, Guéranger, Davoust.

Genre LEPIDODENDRON.

45. L. ERECTUM, Ad. Brong. *Bulletin de la Société géologique*, année 1850. — Poillé. — Col. de MM. Guéranger, Davoust et de Lorière.

46. L. LORIEREI, Ad. Brong., *Bulletin de la Société géologique*, année 1850. — Poillé. — Col. de M. de Lorière.

47. L. GRACILE, Lindl. et Hutt., Ad. Brong., *Bulletin de la Société géologique*, année 1850. — Sablé, aux mines de Montfrou. — Col. de M. Ad. Brongniard.

Genre SIGILLARIA.

48. S. TESSELLATA, Ad. Brong., *Bulletin de la Société géologique*, année 1850. — Solesmes, aux mines. — Col. de M. Guéranger.

49. S. GUERANGERI, Ad. Brong., *Bulletin de la Société géologique*, année 1850. — Solesmes, aux mines. — Col. de M. Guéranger.

50. S? VERNEUILLEANA, Ad. Brong.? *Bulletin de la Société géologique*, année 1850. — Poillé. — Col. de M. Davoust.

8e *étage*. — LIASIEN, A. d'Orbigny.

GASTÉROPODES.

Genre CHEMNITZIA. d'Orb., 1839.

1. C. DAVOUSTIANA, d'Orb., 1850. *Pal. franç.*, p. 42, n° 292. — Précigné. — Col. du musée du petit séminaire de Précigné, Davoust.

LAMELLIBRANCHES.

Genre PANOPÆA. Ménard, 1807.

2. P. PELEA, A. d'Orb., 1847. *Prod.* n° 139. — Brûlon. — Col. de M. d'Orbigny.

BRACHIOPODES.

Genre SPIRIFER. Sowerby. 1820.

3. S. MUNSTERI, Davidson. — Précigné. - Col. du musée de Précigné, de MM. Guéranger, Davoust, Richer, de Lorière et Triger.

9e *étage*. — TOARCIEN, A. d'Orbigny.

GASTÉROPODES.

Genre CHEMNITZIA. d'Orb., 1839.

1. C. LORIERI, d'Orb., 1847. — *Prod*. n° 62. — Sillé-le-Guillaume. — Col. de MM. de Lorière, Davoust, Guéranger et Chaudron.

LAMELLIBRANCHES.

Genre PHOLADOMYA. Sow., 1826.

2. P. DECORATA, Hartmann., d'Orb. — *Prod*. n° 150. — Asnières, Avoises, Chevillé. — Col. de MM. Davoust, de Lorière, Levrot, Guéranger, et musée de Précigné.

Genre OPIS. Defrance, 1825.

3. O. SARTHACENSIS, d'Orb. *Prod*., n° 180. — Asnières, Poillé. — Col. de MM Guéranger, Davoust et de Lorière.

Genre LIMA. Bruguière. 1791.

4. L. GALATHEA, d'Orb. *Prod*., n° 250. — Asnières, Chevillé, Chassillé. — Col. de MM. Guéranger, Davoust, Levrot et de Lorière.

Genre ORBICULOIDEA. d'Orb.

5. O. MINIMA, Ed. Guér., 1853. *Rép. pal*., n° 27. — Chevillé. — Col. de M. Guéranger.

10e *étage*. — BAJOCIEN, A. d'Orbigny.

Genre CHEMNITZIA. d'Orb., 1839.

1. C. SARTHACENSIS, d'Orb., 1850. — *Pal. franç*., p. 46. — Tassé, à Hyéré. — Col. de MM. de Lorière, Davoust, Guéranger, et musée de Précigné.

2. C. LOMBRICALIS, d'Orb., 1850. *Pal. franç.*, p. 47. — Tassé, à Hyéré. — Col. de MM. de Lorière et Davoust.

Genre ACTEONINA. d'Orb., 1847.

3. SARTHACENSIS, d'Orb, 1847. *Prod.*, n° 59. — Tassé, à Hyéré. — Col. de M. Davoust.

4. LORIEREANA, d'Orb., 1851. *Pal. franç.*, n° 409. — Tassé, à Hyéré, — Col. de M. Davoust.

5. A. DAVOUSTANA, d'Orb., 1851. *Pal. franç.*, n° 420. — Tassé, à Hyéré. — Col. de M. Davoust.

Genre TROCHUS. Linné, 1758.

6. T. ACTÆA, d'Orb., 1847. *Prod.*, n° 76.— Conlie, Domfront. — Col. de MM. Guéranger et Davoust.

7. T. LORIERI, d'Orb., 1847. *Prod.*, n° 78. — Tassé, à Hyéré. — Col. de MM. Davoust, de Lorière, Guéranger, Chaudron, Triger, et musée de Précigné.

8. T. DAVOUSTANUS, d'Orb., 1852. *Pal. franç.*, p. 279.— Tassé, à Hyéré. — Col. de M. Davoust.

9. T. DURYANUS, d'Orb., 1852. *Pal. franç.*, p. 280. — Tassé, à Hyéré. — Col. de M. Davoust.

Genre SOLARIUM. Lamarck, 1801.

10. S. DESPORTESII, Ed. Guér., 1853. *Rép. pal.*, n° 18, — Tassé, à Hyéré. — Col. de M. Guéranger.

Genre CERITHIUM. Adanson, 1757.

11. C. LORIERI, d'Orb., 1847. *Prod.*, n° 176.— Tassé, à Hyéré. — Col de MM. de Lorière, Guéranger et Davoust.

LAMELLIBRANCHES.

Genre PHOLADOMYA. Sow., 1826.

12. P. SCRIPTA, Sow., 1818. d'Orb. *Prod.*, n° 230. — Tassé, à Hyéré, Asnières. — Col. de MM. de Lorière et Davoust.

Genre OPIS. Defrance, 1825.

13. O. LORIEREANA, d'Orb. *Prod.*, n° 267. — Conlie, Tassé,

— Col. de MM. de Lorière, Guéranger, Davoust, Chaudron, Triger et musée de Précigné.

14. O. Davoustiana, d'Orb. *Prod.*, n° 268. — Tassé. — Col. de M. Davoust.

15. O. Thalia, d'Orb. *Prod.*, n° 269. — Tassé. — Col. de MM. Davoust et Guéranger.

Genre ASTARTE. Sow., 1818.

16. A. lurida, Sow., 1818. — Tassé, Conlie. — Col de MM. Guéranger et Davoust.

17. A. Thalia, d'Orb., 1847. — *Prod.*, n° 2[illegible]0. — Conlie. — Col. de M. Guéranger.

18. A. Thais, d'Orb., 1847. *Prod.*, n° 291. — Conlie, Tassé. — Col. de MM. Guéranger et Davoust.

Genre CYPRICARDIA. Lamarck., 1801.

19. C. gibberula, d'Orb., 1847. Sp. Phillips., 1829. D'Orb. *Prod.*, n° 303. — Tassé, Asnières. — Col. de MM. Davoust et de Lorière.

Genre TRIGONIA. Bruguière, 1791.

20. T. signata, Agassiz, 1840. d'Orb. *Prod.*, n° 313. — Tassé, Avoises. — Col. de MM. Davoust, de Lorière et Guéranger.

21. Proserpina, d'Orb., 1847. — Tassé, Conlie. — Col. de MM. Davoust, Guéranger et de Lorière.

Genre LUCINA. Brug., 1791.

22. L. Lorieri, d'Orb., 1847. *Prod.*, n° 319. — Tassé. — Col. de MM. de Lorière et Davoust.

Genre CORBIS. Cuvier, 1817.

23. C. Davoustiana, d'Orb. *Prod.*, n° 322. — Tassé, Noyen-sur-Sarthe, Avoises, Conlie. — Col. de MM. Guéranger, de Lorière, Levrot, Foucauld, Davoust, Chaudron, Triger, et musée de Précigné.

Genre NUCULA. Lamarck, 1801.

24. N. Erato; d'Orb., 1847. *Prod.*, n° 345. — Conlie, Domfront. — Col. de MM. Guéranger et Davoust.

Genre LIMOPSIS. Sassy, 1835.

25. L. LORIERIANA, d'Orb., 1847. *Prod.*, n° 346. — Tassé. — Col. de MM. de Lorière, Davoust, Guéranger et Triger.

26. L. GAUDRYNA, d'Orb., 1847. *Prod.*, n° 347. — Conlie, Domfront. — Col. de MM. Guéranger et Davoust.

Genre ARCA. Linné, 1758.

27. A. SUBLINEATA, d'Orb., 1847. *Prod.*, n° 353. — Mamers. — Col. de M. d'Orbigny.

28. A. DAPHNE, d'Orb., 1847. *Prod.*, n° 355. — Conlie, Tassé. — Col. de MM. Guéranger et Davoust.

29. A. DELILA, d'Orb., 1847. *Prod.*, n° 359. — Conlie, Tassé. — Col. de M. Guéranger et Davoust.

Genre LIMA. Bruguière, 1791.

30. L. HERMIONE, d'Orb., 1847. *Prod.*, n° 391. — Mamers, Tennie. — Col. de M. de Lorière, musée de Précigné.

31. L. SULCATA, Munster, 1836. d'Orb. *Prod.*, n° 397. — Conlie. — Col. de M. d'Orbigny.

Genre GERVILIA. Defrance, 1820.

32. G. CONSOBRINA, d'Orb., 1847. *Prod.*, n° 409. — Conlie, Asnières. — Col. de MM. Davoust et de Lorière.

BRYOZOAIRES.

Genre DIASTOPORA. Edwards, 1839.

33. D. INCRUSTANS, d'Orb., 1847. *Prod.*, n° 475. — Conlie, Tassé. — Col. de MM. Guéranger et Davoust.

Genre ENTALOPHORA. Lamouroux, 1821.

34. E. SARTHACENSIS, d'Orb., 1847. *Prod.*, 481. — Tassé, à Hyéré. — Col. de MM. Guéranger et Davoust.

Genre TEREBELLARIA. Lamouroux, 1821.

35. T. GRACILIS, d'Orb, 1847. *Prod.*, n° 484. — Tassé. — Col. de MM. Davoust et de Lorière.

ECHINODERMES.

Genre ECHINUS. Linné.

36. E. SERRATUS, Agassiz. — Tennie. — Col. de M. Triger.

Genre PYGASTER. Agassiz.

37. P. SEMISULCATUS, Wright., sp. Phil. — Crickley-Hill (Angleterre). Tennie. — Musée de Précigné.

Genre HYBOGLYPUS. Agassiz.

38. H. CANALICULATUS, Desor. d'Orb. *Prod.*, n° 503. — Tennie. — Musée de Précigné.

39. H. AGARICIFORMIS, Forbes. (N'avait encore été trouvé que dans l'oolite inférieure de Crickley-Hill (Angleterre). — Avoises, à Pescheseul. — Col. de M. Davoust, curé d'Asnières.

Genre ACROSALENIA. Agassiz.

40. A. LYCETTI, Wright. (N'avait été trouvé que dans l'oolite inférieure de Crickley-Hill.) — Tennie. — Musée de Précigné.

Genre HEMICIDARIS. Agassiz.

41. H. SARTHACENSIS, Cotteau, 1855. (Desor, *Synopsis de echin. fossiles*, n° 55.) — Tassé, à Hyéré. — Col. de M. Davoust.

ZOOPHYTES.

Genre MONTLIVALTIA. Lamouroux, 1821.

42. M. INFUNDIBULUM, d'Orb, 1847. *Prod.*, n° 528. — Tassé. — Col. de MM. de Lorière, Davoust, Guéranger, Chaudron, Levrot, Foucault et musée de Précigné.

Genre THECOPHYLLIA, Edw. et Haime, 1848.

43. T. SARTHACENSIS, d'Orb., 1848. *Prod.*, n° 531. — Conlie, Tassé. — Col. de MM. Guéranger et Davoust.

Genre ANABACIA. d'Orb., 1847.

44. A. BAJOCIANA, d'Orb., 1849. *Prod.*, n° 532. — Conlie. — Col. de M. d'Orbigny.

Genre CERIOPORA. Goldf., 1826.

45. C. SARTHACENSIS, d'Orb. 1847. *Prod.*, n° 552. — Conlie. — Col. de M. d'Orbigny.

AMORPHOZOAIRES.

Genre EUDEA. Lamouroux, 1821.

46. E. SARTHACENSIS, d'Orb., 1847. *Prod.*, n° 564. — Tassé. — Col. de MM. Davoust et de Lorière.

Genre STELLISPONGIA. d'Orb., 1847.

47. S. RUGOSA, d'Orb., 1847. *Prod.*, n° 673. — Tassé. — Col. de MM. de Lorière et Davoust.

11e *étage*. - BATHONIEN, A. d'Orbigny.

ECHINODERMES.

Genre CLYPEUS. Klein.

1. C. AGASSIZII, Wright. (N'avait encore été trouvée qu'à Bridport (Angleterre). — Mamers. — Col. de M. Triger.

Genre NUCLEOLITES. Lamarck.

2. N. ORBICULARIS, Forbes. Sp. Phil. — Avoises, à Pescheseul. — Col. de M. Davoust.

Genre ACROSALENIA. Agassiz.

3. A. WILTONI, Wright. (N'avait encore été rencontrée que dans la grande oolite de Salton (Angleterre). — Col. de M. Triger.

Genre RABDOCIDARIS. Desor.

4. R. MAXIMA, Desor, sp. Goldf. — Ruillé-en-Champagne. — Musée de Précigné.

VÉGÉTAUX.

5. PECOPTERIS DESNOYERSII, A. Brong. — Mamers. — Col. de M. Desnoyers.

6. REGLEI, A. Brong. — Mamers. — Col. de M. Desnoyers.

7. OTOZAMITES BUCKLANDI, F. Braun. — Mamers. — Col. de M. Desnoyers.

8. O. BECHII, F. Braun. Guér. (*Rép. pal.*, n° 16). — Mamers. — Col. de M. Desnoyers.

9. O. LAGOTIS, Brong. Guér. (*Rép. pal.*, n° 17). — Mamers. — Col. de M. Desnoyers.

10. O. HASTATUS, Brong. Guér. (*Rép. pal.*, n° 18). — Mamers. — Col. de M. Desnoyers.

12e *étage*. — Callovien, A. d'Orbigny.

CEPHALOPODES.

Genre AMMONITES. Brug., 1791.

1. A. modiolaris, Lwyd d'Orb. *Prod.*, n° 27. — Chauffour, Pizieux, Marolles-les-Braults. — Col. de M. Guéranger.

2. Ajax, d'Orb., 1847. *Prod.*, n° 49. — Pizieux. — Col. de M. d'Orbigny.

GASTEROPODES.

Genre NATICA. Adanson, 1757.

3. N. Zangis, d'Orb., 1851. *Pal. franç.* n 437. — Pizieux, Chauffour. — Col. de M. de Lorière.

Genre NERITOPSIS. Sow., 1825.

4. N. inæqualicosta, d'Orb., 1847. *Pal. franç*, n° 470. — Pizieux. Col. de M. d'Orbigny.

Genre SOLARIUM. Lamarck, 1801.

5. Sarthacense, d'Orb. *Prod.*, n° 76. *Pal. franç.*, n° 559. — Pizieux. — Col. de M. d'Orbigny.

Genre PTEROCERA. Lamarck, 1801.

6. P. striata, Ed. Guér. *Rép. pal.*, n° 18. — Chauffour — Col. de M. Guéranger.

7. P. Ariadne, d'Orb. *Prod.*, n° 94. — Pizieux, Chauffour. — Col. de MM. d'Orbigny et de Lorière.

8. P. Amyntas, d'Orb., 1847. *Prod.*, n° 95. — Pizieux. — Col. de M. d'Orbigny.

Genre SPINIGERA. d'Orb., 1847.

9. S. compressa, d'Orb., 1847. *Prod.*, n° 98. — Pizieux — Col. de M. d'Orbigny

Genre PURPURINA. d'Orb., 1847.

10. P. brevis, d'Orb., 1847. *Prod.*, n° 99. — Pizieux. — Col. de M. d'Orbigny.

Genre HELCION. Montfort, 1810.

11. H. ARSINOE, d'Orb., 1847. *Prod*, n° 104. — Pizieux. — Col. de M. d'Orbigny.

12. H. CAPULOIDES, Ed. Guér. *Rép. pal*, n° 30. — Chauffour. — Col. de M. Guéranger et musée du Mans.

Genre BULLA. Lamarck, 1801.

13. B. LORIERI, d'Orb. 1847. *Prod.*, n° 104. — Chauffour. — Col. de MM. de Lorière et Guéranger.

LAMELLIBRANCHES.

Genre PANOPÆA. Menard, 1807.

14. BRONGNIARTINA, d'Orb. *Prod.*, n° 107. — Chauffour, Saint-Marceau, Marolles. — Col. de MM. Guéranger, Davoust, de Lorière et Triger.

Genre PHOLADOMYA. Sow., 1826.

15. P. CLYTIA, d'Orb., 1847. *Prod.*, n° 116. — Beaumont., Chauffour. — Col. de M. de Lorière.

Genre CEROMIA. Agassiz, 1844.

16. C. ORBICULARIS, d'Orb. *Prod.*, 15ᵉ étage, n° 84. — Chauffour, Beaumont. — Col. de M. Guéranger.

Genre PERIPLOMA. Schumacher, 1817.

17. P. ELONGATA, d'Orb., 1847. *Prod.*, n° 150. — Pizieux. — Col. de M. d'Orbigny.

18. P. OVATA, d'Orb., 1847. *Prod.*, n° 151. — Pizieux. — Col. de M. d'Orbigny.

Genre ANATINA. Lamarck, 1809.

19. A. BELLONA, d'Orb., 1847. *Prod.*, n° 132. — Pizieux. — Col. de M. d'Orbigny.

Genre ASTARTE. Sow., 1818.

20. A. ACHILLES, d'Orb., 1847. *Prod.*, n° 141. — Pizieux. — Col. de M. d'Orbigny.

Genre CYPRINA. Lamarck, 1801.

21. C.? ANGULATA, Ed. Guér. 1853. *Rép. pal.*, n° 31. — Chauffour, Chemiré-le-Gaudin. — Col. de M. Guéranger.

22. C. SUBCORDIFORMIS, d'Orb., 1847. *Prod.*, nº 154. — Pizieux, Beaumont, Noyen. — Col. de M. Davoust.

Genre CYPRICARDIA. Lamarck, 1801.

23. C. SUBOBESA, d'Orbigny. *Prod.*, nº 160. — Pizieux, Domfront — Col. de M. de Lorière.

Genre CORBIS. Cuvier, 1817.

24. C. INÆQUILATERALIS, d'Orb., 1847. *Prod.*, nº 171. — Pizieux. — Col. de M. d'Orbigny.

Genre ISOCARDIA. Lamarck, 1799.

25. I. OVALIS, Ed. Guér. *Rép. pal.*, nº 36 — Assé-le-Riboul. — Col. de M. Guéranger.

26. I. BAZOCHIANA, Defrance, *Rép. pal.*, nº 37. — Beaumont. — Col. du musée du Mans et de M. Chaudron.

Genre ARCA. Linné, 1758.

27. A. CHAUVINIANA, d'Orb., 1847. *Prod.*, nº 188. — Pizieux. — Col. de M. d'Orbigny.

Genre PINNA. Linné, 1758.

28. P. RUGOSO-RADIATA, d'Orb., 1847. — *Prod.*, nº 190. — Pizieux. — Col. de M. d'Orbigny.

Genre MYOCONCHA. Sow., 1824.

29. M. OBTUSA, d'Orb., 1847. *Prod.*, nº 192. — Pizieux. — Col. de M. d'Orbigny.

Genre LIMA. Bruguière, 1791.

30. L. OBSCURA, d'Orb., sp. Sow. *Prod.*, nº 204. — Chauffour, Assé-le-Riboul, Saint-Pierre-des-Bois, Noyen, Avoises, à Pescheseul, Chantenay. — Col. de MM. Guéranger, de Lorière, Chaudron, Davoust, Triger, musée de Précigné et musée du séminaire du Mans.

31. L. JANASSA, d'Orb., 1847. *Prod.*, nº 206. — Chauffour. — Col. de M. d'Orb.

32. L. SUBGIBBOSA, Ed. Guér. *Rép. pal.*, nº 48. — Chauffour, Parcé. — Col. de MM. Guéranger et Davoust.

Genre AVICULA. Klein, 1753.

33. A. Lorieri, d'Orb., 1847. *Prod.*, n° 209. — Tassé. — Col. de MM. de Lorière et Davoust.

Genre PECTEN. Gualtieri, 1742.

34. P. Palinurus, d'Orb., 1847. *Prod.*, n° 217. — Pizieux, Saint-Pierre-des-Bois. — Col. de M Davoust.

Genre PLICATULA. Lamarck, 1801.

35. P. pedum, d'Orb., 1847. *Prod.*, n° 223. — Beaumont. — Col. de M. d'Orbigny.

Genre OSTREA. Linné, 1752.

36. O. amata, d'Orb., 1847. *Prod.*, 227. — Pizieux, Domfront. — Col. de MM. de Lorière et Davoust.

37. O. obliqua, Lamarck, n° 30. — Assé-le-Riboul, Domfront, Saint-Marceau, Chauffour. — Col. de M. Guéranger.

BRACHIOPODES.

Genre TEREBRATULA. Lwyd., 1799.

38. T. umbonella, Lamarck, n° 18. — Montigny. — Col. du musée du Mans.

ECHINODERMES.

Genre COLLYRITES. Des Moulins.

39. C. dorsalis, d'Orb., sp. Agassiz. — Marolles. — Col. de M. d'Orbigny.

Genre PYGURUS. Agassiz.

40. P. orbiculatus, Agassiz, sp. Leske, d'Orb. *Prod.* n° 257. — Pizieux, Chauffour, Saint-Pierre-des-Bois, Mamers. — Col. de MM. Davoust et Triger.

Genre PEDINA. Agassiz.

41. P. Gervillii, Agassiz, d'Orb. *Prod.*, n° 263. — Chauffour, Saint-Pierre-des-Bois, Rouëssé-Fontaine. — Col. de MM. Davoust et Guéranger.

Genre DIPLOPODIA. M'Coy.

42. D. Calloviensis, Desor., sp. d'Orb. *Prod.*, n° 271. — Marolles. — Col. de M. d'Orbigny.

Genre PSEUDODIADEMA. Desor.

43. P. INÆQUALE, Desor., sp. Agassiz, d'Orb. *Prod.*, n° 270. — Marolles, Avoises, Noyen-sur-Sarthe, Saint-Pierre-des-Bois, Tassé. — Col. de M. Davoust et musée de Précigné.

Genre HEMICIDARIS. Agassiz.

44. H. RADIANS, Agassiz, d'Orb. *Prod.*, n° 272. — Chauffour. — Col. de M. d'Orbigny.

14e *étage.* — CORALLIEN, A. d'Orbigny.

LAMELLIBRANCHES.

Genre PANOPÆA. Menard, 1807.

1. P. HALLIE, d'Orb., 1847. *Prod.*, n° 206. — Ecommoy. — Col. de M. d'Orbigny.

2. P. HYLLA, d'Orb., 1847. *Prod.*, n° 207. — Ecommoy. — Col. de M. d'Orbigny.

Genre CORBULA. Brug., 1791.

3. C. NEPTUNI, d'Orb., 1847. *Prod.*, n° 233. — La Ferté-Bernard. — Col. de M. d'Orbigny.

Genre ASTARTE. Sow., 1818.

4. A NYSA, d'Orb., 1847. *Prod.*, n° 243. — Saint-Côme, Ecommoy. — Col. de M. d'Orbigny.

BRACHIOPODES.

Genre TEREBRATELLA. d'Orb., 1847.

5. T. PECTUNCULUS, d'Orb., 1847. *Prod.*, n° 397. — Ecommoy. — Col. de MM. Chaudron, Guéranger, Davoust, Levrot, Foucauld, Triger, musée de Précigné, musée du séminaire du Mans.

ECHINODERMES.

Genre MILLERICRINUS. d'Orb., 1839.

6. N. GOUPILIANUS, d'Orb., 1839. *Prod.*, n° 467. — Ecommoy. — Col. de MM. Goupil, Guéranger, Davoust.

ZOOPHITES.

Genre PRIONASTREA. Edw. et Haime, 1849.

7. P. STRIATA, d'Orb., 1849. *Prod.*, n° 558. — Ecommoy. — Col. de M. Davoust.

20e *Étage.* — CÉNOMANIEN, A. d'Orbigny.

CÉPHALOPODES.

Genre BELEMNITELLA. d'Orb., 1846.

1. B. VERA, d'Orb., 1846. *Prod.*, n° 1. — Sainte-Cérotte. — Col. de M. d'Orbigny.

Genre NAUTILUS. Breynius, 1732.

2. N. ALTERNATUS, Éd. Guér., 1853. *Rép. pal.*, n° 4. — Le Mans. — Col. de M. Guéranger.

Genre CERATITES. De Haan, 1825.

3. C. VIBRAYEANUS, d'Orb., 1840. *Prod.*, n° 10. — Tuffé, Vibraye. — Col. de M. Guibet de Tuffé.

Genre AMMONITES. Brug., 1789.

4. A. DIARTIANUS, d'Orb., 1847. *Prod.*, n° 26. — Saint-Calais. — Col. de M. d'Orbigny.

5. A. OBLIQUATUS, Éd. Guéranger, *Rép. pal.*, n° 16. — Le Mans. — Col. de M. Guéranger.

Genre RHYNCHOLITES. Faure-Biguet.

6. CRETACEA, Éd. Guér., *Rép. pal.*, n° 27. — Coulaines. — Col. de M. Guéranger.

GASTÉROPODES.

Genre SCALARIA. Lamarck, 1801.

7. S. GUERANGERI, d'Orb., 1843. *Prod.*, n° 54. — Le Mans. — Col. de M. Guéranger.

Genre TURRITELLA. Lamarck, 1801.

8. T. GUERANGERI, d'Orb., 1843. *Prod.*, n° 56. — Le Mans. — Col. de M. Guéranger.

9. T. Goupiliana, d'Orb., 1843. *Prod.*, n° 57. — Le Mans. — Col. de M. Guéranger.

10. T. ornata, d'Orb., 1843. *Prod.*, n° 57. — Le Mans. — Col. de M. Guéranger.

11. T. Cenomanensis, d'Orb., *Prod.*, n° 58. — Yvré-l'Évêque, La Trugale. — Col. de MM. Guéranger et Davoust.

12. T. Sarthensis, Éd. Guér., 1853. *Rép. pal.*, n° 32. — Le Mans. — Col. de M Guéranger.

13. T. acicula, Éd. Guér., 1853. *Rép. pal.*, n° 34. — Le Mans. — Col. de M. Guéranger.

14. T. gracilis, Éd. Guér., 1853. *Rép. pal.*, n° 35. — Le Mans. — Col. de M. Guéranger.

15. T. alternata, Éd. Guér., 1853. *Rép. pal.*, n° 36. — Le Mans. — Col. de M. Guéranger.

Genre RISSOINA. d'Orb., 1840.

16. R. Cenomanensis, Éd. Guér., 1853. *Rép. pal.*, n° 38. — Le Mans. — Col. de M. Guéranger.

Genre PYRAMIDELLA. Lamarck, 1796.

17. P. Orbignyi, Éd. Guér., 1853. *Rép. pal.*, n° 43. — Coulaines. — Col. de M. Guéranger.

Genre ACTEON. Montfort, 1810.

18. A. inornatus, Éd. Guér., 1853, *Rép. pal.*, n° 44. — Le Mans. — Col. de M. Guéranger.

19. A. bullatus, Éd. Guér., 1853. *Rép. pal.*, n° 45. — Coulaines. — Col. de M. Guéranger.

Genre VOLVARIA. Lamarck, 1801

20. V. cretacea, Éd. Guér., 1853. *Rép. pal.*, n° 46. — Le Mans. — Col. de M. Guéranger.

Genre AVELLANA. d'Orb., 1843.

21. A. Cenomanensis, Éd. Guér., 1853. *Rép. pal.*, n° 47. — Le Mans. — Col. de MM. Guéranger et Davoust.

22. A. elongata, Éd. Guér., 1853. *Rép. pal.*, n° 48. — Le Mans. Col. de M. Guéranger.

23. A. MINIMA, Éd. Guér., 1853. *Rép. pal.*, n° 49. — Le Mans. — Col. de M. Guéranger.

Genre RINGICULA. Deshayes, 1838.

24. R. DESHAYESII, Éd. Guér., 1853. *Rép. pal.*, n° 50. — Le Mans. — Col. de M. Guéranger.

Genre GLOBICONCHA. d'Orb., 1842.

25. G ROTUNDATA, d'Orb., 1842. *Prod*, n° 82. — Le Mans, Saint-Georges, Yvré-l'Évêque, Tuffé. — Col. de MM. Guéranger, Davoust, Chaudron, musée du séminaire du Mans.

Genre NATICA. Adanson, 1757.

26. N. ACUTA, Éd. Guér., 1853. *Rép. pal.*, n° 55. — Coulaines. — Col. de M. Guéranger.

27. N. TUBERCULATA, d'Orb., 1847. *Prod.*, n° 91. — Le Mans. — Col. de M. Guéranger.

28. N. ROTUNDATA, d'Orb., 1847. *Prod.*, n° 95. — Le Mans. — Col. de M. Guéranger.

Genre SIGARETUS. Adanson, 1757.

29. S.? BICARINATUS, Éd. Guér., 1853. *Rép. pal.*, n° 59. — Le Mans. — Col. de M. Guéranger.

Genre NERITA. Linné.

30. N. CENOMANENSIS, Éd. Guér., 1853. *Rép. pal.*, n° 60. — Le Mans, Coulaines. — Col. de M. Guéranger.

Genre NERITOPSIS. Sow., 1825.

31. N. PULCHELLA, d'Orb., 1842. *Prod.*, n° 102. — Le Mans, Tuffé. — Col. de MM. Guéranger et Davoust.

Genre PILEOLUS. Sow., 1823.

32. P. CRETACEUS, d'Orb., 1847. *Prod.*, n° 103. — Saint-Calais. — Col. de M. d'Orbigny.

33. P. DROUETI, Éd. Guér., 1853. *Rép. pal.*, n° 63. — Le Mans. — Col. de M. Guéranger.

34. P. CENOMANENSIS, Éd. Guér., 1853. *Rep. pal.*, n 64. — Le Mans. — Col. de M. Guéranger.

Genre TROCHUS. Linné, 1758.

35. T. GUERANGERI, d'Orb., 1842. *Prod.*, n° 105. — Le Mans. — Col. de MM. Guéranger et Davoust.

36. T. SARTHINUS, d'Orb., 1842. *Prod.*, n° 106. — Le Mans. — Col. de MM. Guéranger, Chaudron et Davoust.

37. T. MARÇAISI, d'Orb., 1842. *Prod.*, n° 107. — Le Mans. — Col. de M. Guéranger.

38. T. SCALARIS, Éd. Guér., 1853. *Rép. pal.*, n° 68. — Yvré-l'Évêque. — Col. de M. Guéranger.

Genre PITONELLUS. Montfort, 1810.

39. P. ARCHIACIANUS, d'Orb., 1847. *Prod.*, n° 118. — Le Mans, Coulaines, Tuffé — Col. de MM. Guéranger et Davoust.

40. P. TUBERCULATUS, Éd. Guér., 1853. *Rép. pal.*, n° 71. — Le Mans. — Col. de M. Guéranger.

Genre SOLARIUM. Lamarck, 1801.

41. S. MICHELINI, Éd. Guér., 1853. *Rép. pal.*, n° 79. — Le Mans. — Col. de M. Guéranger.

Genre HELICOCRYPTUS. d'Orb., 1847.

42. H. RADIATUS, d'Orb., 1847. *Prod.*, n° 121. — Le Mans. — Col. de M. Guéranger.

43. H. ORNATUS, Éd. Guér., 1853. *Rép. pal.*, n° 74. — Coulaines. — Col. de M. Guéranger.

Genre DELPHINULA. Lamarck, 1804.

44. D. SCALARIS, Éd. Guér., 1853. *Rép. pal.*, n° 75. — Coulaines. — Col. de M. Guéranger.

45. D. TUBERCULATA, Éd. Guér., 1853. *Rép. pal.*, n° 76. — Yvré-l'Évêque. — Col. de MM. Guéranger, Chaudron et Davoust.

Genre STRAPAROLUS. Montfort, 1810

46. S. GUERANGERI, d'Orb., 1847. *Prod.*, n° 123. — Le Mans. — Col. de M. Guéranger.

Genre TURBO. Linné, 1758.

47. T. GOUPILIANUS, d'Orb., 1842, *Prod.*, n° 128. — Le Mans. — Col. de MM. Guéranger et Davoust.

48. T. GUERANGERI, d'Orb., 1842. *Prod.*, n° 131. — Le Mans. — Col. de MM. Guéranger et Davoust.

49. T. BICULTRATUS, d'Orb., 1842. *Prod.*, n° 132. — Le Mans. — Col. de MM. Guéranger et Davoust.

50. T. OCTAVIUS, d'Orb., 1847. *Prod.*, n° 133. — Le Mans. — Col. de MM. Guéranger, Chaudron et Davoust.

51. T. CRETACEUS, d'Orb., 1842. *Prod.*, n° 134. — Le Mans. — Col. de M. Guéranger.

52. T. GESLINI, d'Archiac, d'Orb., *Prod.*, n° 136. — Le Mans. — Col. de MM. Guéranger et Davoust.

53. T. LORIERI, d'Orb., 1847. *Prod.*, n° 137. — Le Mans, Coulaines, Yvré-l'Évêque. — Col. de MM. Guéranger, de Lorière.

Genre PLEUROTOMARIA. Defrance, 1825.

54. P. LAHAYESI, d'Orb., 1842. *Prod.*, n° 154. — Le Mans, La Trugale, Yvré-l'Évêque. — Col. de MM. Guéranger, Chaudron, Davoust.

55. P. SIMPLEX, d'Orb., 1842. *Prod.*, n° 155 — Le Mans. — Col. de M. d'Orbigny.

56. P. GUERANGERI, d'Orb., 1842. *Prod.*, n° 164. — Le Mans. — Col. de MM. Guéranger et Davoust.

57. P. NEPTUNI, d'Orb., 1847. *Prod.*, n° 166. — Le Mans, La Trugale. — Col. de M. Guéranger.

58. P. SINUOSA, Éd. Guér., 1853. *Rép. pal.*, n° 91. — Le Mans. — Col. de M. Guéranger.

59. P. GLOBOSA, Éd. Guér., 1853. *Rép. pal.*, n° 92. — La Trugale. — Col. de M. Guéranger.

60. P. EXIMIA, Éd. Guér., 1853. *Rép. pal.*, n° 93. — Yvré-l'Évêque. — Col. de M. Guéranger.

61. P. CENOMANENSIS, Éd. Guér., 1853. *Rép. pal.*, n° 94. — Le Mans, Yvré-l'Évêque. — Col. de M. Guéranger.

Genre CONUS. Linné, 1758.

62. C? CENOMANENSIS, Éd. Guér., 1853. *Rép. pal.*, n° 96. — Le Mans. — Col. de M. Guéranger.

Genre VOLUTA. Linné, 1753.

63. V. Gueranderi, d'Orb., 1843. — Coulaines, Le Mans. — Col de MM. Chaudron, Guéranger et Davoust.

64. V. elongata, d'Orb, 1843. *Prod.*, 21e étage, n° 70. — Le Mans. — Col. de M. Guéranger.

65. V. gibbosa, Ed. Guér., 1853. *Rép. pal.*, n° 99. — Le Mans. — Col. de M. Guéranger.

66. V. æquata, Ed. Guér., 1853. *Rép. pal.*, n° 100. — Le Mans. — Col. de M. Guéranger.

67. V. Desportesii, Ed Guér., 1853. *Rép. pal.*, n° 101. — Le Mans. — Col. de M. Guéranger.

Genre MITRA. Lamarck, 1801.

68. M. Cenomanensis, Ed. Guér., 1853. *Rép. pal.*, n° 103. — Le Mans. — Col. de M. Guéranger.

69. M. gracilis, Ed. Guér., 1853. *Rép. pal.*, n° 104. — Le Mans. — Col. de M. Guéranger.

Genre PTEROCERA. Lamarck, 1801.

70. P. Verneuili, d'Orb., 1849. *Prod.*, n° 182. — Le Mans. — Col. de M. Guéranger.

71. P. membranacea, Ed. Guér., 1853. *Rép. pal.*, n° 107. — Coulaines. — Col. de M. Guéranger.

Genre ROSTELLARIA. Lamarck, 1801.

72. R. calcarata, Sow., 1822. d'Orb., *Prod.*, n° 187. — Le Mans, Coulaines. — Col. de M. Guéranger.

73. R. Nereis, d'Orb., 1847. *Prod.*, n° 188. — Le Mans. — Col. de M. Guéranger.

74. R. papillionacea, Goldf., *Prod.*. n° 341 du 22e étage. — Le Mans. — Col. de M. Guéranger.

Genre FUSUS. Brug., 1791.

75. F. quadratus, Sow., d'Orb., *Prod.*, n° 196. — Le Mans. — Col. de M. d'Orbigny.

Genre CERITHIUM. Adanson, 1757.

76. C. Gueranderi, d'Orb., 1843. *Prod.*, n° 206. — Le Mans. — Col. de M. Guéranger.

77. C. GALLICUM, d'Orb., 1843. *Prod.*, n° 207. — Le Mans. — Col. de M. Guéranger.

78. C. SARTHACENSE, d'Orb., 1847. *Prod.*, n° 208. — Le Mans. — Col. de MM. Guéranger et Davoust.

79. C. VINDINENSE, d'Orb., 1843. *Prod.*, n° 211. — Le Mans, La Trugale. — Col. de M. Guéranger.

80. C. CENOMANENSE, d'Orb., 1843. *Prod.*, n° 212. — Le Mans. — Col. de M. Guéranger.

81. C. HECTOR ? d'Orb., 1847. *Prod.*, n° 214. — Le Mans. — Col. de M. Guéranger.

Genre VERMETUS. Adanson, 1757.

82. V. CENOMANENSIS, Ed. Guér., 1853. *Rép. pal.*, n° 120. — Coulaines. — Col. de M. Guéranger.

Genre EMARGINULA. Lamarck, 1801.

83. E. COMPRESSA, Ed. Guér., 1853. *Rép. pal.*, n° 122. — Coulaines. — Col. de M. Guéranger.

84. E. NODOSA, Ed. Guér., 1853. *Rép. pal.*, n° 123. — Yvré-l'Evêque. — Col. de M. Guéranger.

85. E. CENOMANENSIS, Ed. Guér., 1853. *Rép. pal.*, n° 124. — Coulaines. — Col. de M. Guéranger.

86. E. PSEUDORETICULATA, Ed. Guér., 1853. *Rép. pal.*, n° 125. — Yvré-l'Evêque. — Col. de M. Guéranger.

87. E. GRANULOSA, Ed. Guér., 1853. *Rép. pal.*, n° 126 — Yvré-l'Evêque. — Col. de M. Guéranger.

88. E. STRIATA, Ed. Guér., 1853. *Rép. pal.*, n° 127. — Coulaines. — Col. de M. Guéranger.

Genre HELCION. Montfort, 1810.

89. H. EXCENTRICA, Ed. Guér., 1853. *Rép. pal.*, n° 129. — Le Mans. — Col. de M. Guéranger.

90. H. ORBIGNYI, Ed. Guér., 1853. *Rép. pal.*, n° 130. — Coulaines. — Col. de M. Guéranger.

91. H. FRAGILIS, Ed. Guér., 1853. *Rép. pal.*, n° 131. — Le Mans. — Col. de M. Guéranger.

92. H. GIBBOSA, Ed. Guér., 1853. *Rép. pal.*, n° 132. — Le Mans. — Col. de M. Guéranger.

Genre DENTALIUM. Linné, 1758.

93. D. LINEATUM, Ed. Guér., 1853, *Rép. pal.*, n° 133. — Le Mans. — Col. de M. Guéranger.

Genre BULLA. Linné, 1758.

94. B. Orbignyi, Ed. Guér., 1853. *Rép. pal.*, n° 136. — Le Mans. — Col. de M. Guéranger.

95. B. ORNATA, Ed. Guér., 1853. *Rép. pal.*, n° 137. — Le Mans. — Col. de M. Guéranger.

LAMELLIBRANCHES.

Genre CLAVAGELLA. Lamarck, 1807.

96. C. CENOMANIANA, d'Orb., 1847. *Prod.*, n° 228. — Le Mans. — Col. de M. d'Orbigny.

Genre PANOPÆA. Menard-Lagroie, 1807.

97. P. ELATIOR, d'Orb, 1844. *Prod.*, n° 234. — Le Mans — Col. de M. Guéranger.

Genre PERIPLOMA. Schumacher, 1817.

98. P. SAPHO, d'Orb., 1847. *Prod.*, n° 250. — Le Mans. — Col. de M. d'Orbigny.

Genre SOLECURTUS. Blainvil., 1824.

99. S. ÆQUALIS, d'Orb., 1847. *Prod.*, n° 251. — Le Mans, Coulaines. — Col. de MM. Guéranger et Davoust.

100. S. RADIANS, d'Orb., 1847. *Prod.*, n° 253. — Le Mans, Yvré, Coulaines. — Col. de MM. Guéranger et Davoust.

101. S. PELAGI, d'Orb., 1847. *Prod.*, n° 254. — Le Mans. — Col. de M. Guéranger.

102. S. ACTEON, d'Orb., 1847. *Prod.*, n° 255. — Le Mans, Coulaines. — Col. de M. Guéranger.

Genre LEGUMINARIA. Schumacher, 1817.

103. L. NEREIS, d'Orb., 1847. *Prod.*, n° 257. — Le Mans — Col. de M. d'Orbigny.

Genre DONACILLA. Lamarck, 1812.

104. D. COMPRESSA, d'Orb., 1844 *Prod.*, n° 259. — Coudrecieux, Le Mans. — Col. de M. Gallienne, curé de Sainte-Cérotte.

Genre ARCOPAGIA. Brown, 1827.

105. A. RADIATA, d'Orb., 1844. *Prod.*, n° 261. — Le Mans, Coulaines. — Col. de MM. Guéranger et Davoust.

Genre TELLINA. Linné, 1758.

106. T. STRIATULA, Sow. 1824. d'Orb., *Prod.*, n° 264. — Le Mans. — Col. de M. d'Orbigny.

Genre CAPSA. Brug., 1791.

107. ELEGANS, d'Orb., 1844. *Prod.*, n° 267. — Le Mans, Coulaines. — Col. de M Guéranger.

Genre VÉNUS. Linné, 1758.

108. V. CENOMANENSIS, d'Orb., 1847. *Prod.*, n° 271. — Le Mans, Lamnay. — Col. de MM. Guéranger et Davoust.

109. V. PLANA, Sow., d'Orb., *Prod.*, n° 272. — Le Mans. — Col. de M. Guéranger.

Genre CORBULA, Brug., 1791.

110. C. LEUFROYI, Ed. Guéranger, 1853. *Rép. pal.*, n° 161. — Le Mans, Yvré-l'Evêque. — Col. de MM. Guéranger et Davoust.

Genre OPIS. Defrance, 1825.

111 O. GUERANGERI, d'Orb., 1843. *Prod.*, n° 290. — Le Mans. — Col. de M. Guéranger.

112. O. FORMOSA, Ed. Guér., 1853. *Rép. pal.*, n° 166. — Le Mans. — Col. de M. Guéranger.

113. O. GALLIENNEI, d'Orb., 1847. — Coudrecieux, Pont-de-Gennes. — Col. de MM. Guéranger, Davoust, Chaudron, Triger, Gallienne.

Genre ASTARTE. Sow., 1818.

114. A. GUERANGERI, d'Orb., 1843. *Prod.*, n° 295. — Le Mans, Coulaines. — Col. de M. Guéranger.

115. A. ANGULATA, Ed. Guér., 1853. *Rép. pal.*, n° 168. — Le Mans, Yvré. — Col. de MM. Guéranger et Davoust.

Genre CRASSATELLA. Lamarck, 1801.

116. C. GALLIENNEI, d'Orb., 1843. *Prod.*, n° 299. — Coudrecieux. — Col. de M. Gallienne.

117. C. GUERANGERI, d'Orb., 1843. *Prod.*, n° 299'. — La Trugale, Coulaines, Yvré. — Col. de MM. Guéranger et Chaudron.

118. C. LIGERIENSIS, d'Orb., 1843. *Prod.*, n° 300. — Coulaines, Le Mans, Yvré. — Col. de MM. Chaudron, Guéranger, Davoust, Triger.

119. C. NEPTUNI, d'Orb., 1847. *Prod.*, n° 304. — Le Mans. — Col. de M. d'Orbigny.

Genre CARDITA. Brug., 1791.

120. C. CENOMANENSIS, d'Orb., 1843. *Prod.*, n° 305. — Le Mans, Coulaines, Yvré. — Col. de MM. Guéranger et Davoust.

121. C. DUBIA, d'Orb., 1843. *Prod.*, n° 306. — Le Mans. — Col. de MM. Guéranger et Davoust.

122. C. GUERANGERI, d'Orb., 1847. *Prod.*, n° 307. — Le Mans. — Col. de MM. Guéranger et Davoust.

123. C. TRICARINATA, d'Orb., 1843. *Prod.*, 308. — Le Mans, Yvré, La Trugale. — Col. de MM. Guéranger et Davoust.

Genre CYPRINA. Lamarck, 1811.

124. C. CUNEATA, Sow., 1836, d'Orb., *Prod.*, n° 314. — Le Mans. — Col. de M. d'Orbigny.

Genre CYPRICARDIA. Lamarck, 1801.

125. C. ISOCARDIA, d'Orb., 1847. *Prod.*, n° 318. — Vibraye. — Col. de M. d'Orbigny.

126. C. SUBCARINATA, d'Orb., 1847. *Prod.*, n° 319. — Coudrecieux. — Col. de M. d'Orbigny.

Genre TRIGONIA. Bruguière, 1791.

127. T. Pyrrha, d'Orb., 1847. *Prod.*, n°326. — Le Mans. — Col. de MM. Guéranger et Davoust.

128 ? T. Nereis, d'Orb., 1847. *Prod.*, n° 327. — Le Mans. — Col. de MM. Guéranger et Davoust.

129. T. neglecta, Ed. Guér., 1853. *Rép. pal.*, n° 189. — Le Mans. — Col. de MM. Guéranger, Davoust et Levrot.

Genre LUCINA. Brug., 1791.

130. L. Nereis, d'Orb., 1847. *Prod.*, n° 331. — Le Mans, Saint-Georges. — Col. de MM. Guéranger et Davoust.

Genre CORBIS. Cuvier, 1817.

131. C. Verneuili, Ed. Guér., 1853. *Rép. pal.*, n° 192, — Le Mans, Yvré-l'Evêque. — Col. de MM. Guéranger, Davoust, Chaudron.

Genre CARDIUM. Linné, 1758.

132. C. Cenomanense, d'Orb., 1843. *Prod.*, n° 339. — Le Mans, Yvré. — Col. de MM. Guéranger et Davoust.

133. C Pelagi, d'Orb., 1847. *Prod.*, n° 345. — Le Mans. — Col. de M. d'Orbigny.

134. C. Vindinnense, d'Orb., 1843. *Prod.*, n° 350. — Le Mans. — Col. de MM. Guéranger et Davoust.

Genre APRICARDIA. Ed. Guéranger, 1853.

135. A. carinata, Ed. Guér., 1853. *Rép. pal.*, n° 198. — Le Mans. — Col. de M. Guéranger.

Genre NUCULA. Lamarck, 1801.

136. N. impressa, Sow., 1824, d'Orb. *Prod.*, n° 360. — Col. de MM. Guéranger et Davoust.

Genre LIMOPSIS. Sassy, 1835.

137. L. Guerangeri, d'Orb., 1847. *Prod.*, n° 364. — Le Mans. — Col. de M. Guéranger.

138. L. complanata, d'Orb., 1847. *Prod.*, n° 365. — Le Mans. — Col. de M. Guéranger.

Genre PECTUNCULUS. Lamarck, 1801.

139. P. SUBCONCENTRICUS, Lamarck, 1819, d'Orb. *Prod.*, n° 366. — Le Mans, Yvré, Coulaines. — Col. de MM. Chaudron, Guéranger, Davoust, Levrot, Foucault, musée de Précigné, musée du séminaire du Mans.

Genre ARCA. Linné, 1758.

140. A. PHOLADIFORMIS, d'Orb., 1843. *Prod.*, n° 374. — Le Mans. — Col. de MM. Guéranger et Davoust.

141. A. VINDINNENSIS, d'Orb., 1843. *Prod.*, 375. — Le Mans, Yvré. — Col. de MM. Guéranger, Davoust, Chaudron et Levrot.

142. A. SARTHACENSIS, d'Orb., 1847. *Prod.*, n° 376. — Le Mans. — Col. de M. Guéranger.

143. A. ECHINATA, d'Orb., 1844. *Prod.*, n° 377. — Le Mans, Coulaines. — Col. de M. Guéranger.

144. A. CENOMANENSIS, d'Orb., 1844. *Prod.*, n° 378. — Le Mans. — Col. de MM. Guéranger et Davoust.

145. A. ALBERTINA, d'Orb., 1847. *Prod.*, n° 379. — Le Mans. — Col. de MM. Guéranger et Davoust.

146. A. SUBDINNENSIS, d'Orb., 1844. *Prod.*, n° 380. — Le Mans, Coulaines, Yvré. — Col. de MM. Guéranger et Davoust.

147. A. SERRATA, d'Orb., 1844. *Prod.*, n° 381. — Le Mans, Yvré, Coulaines. — Col. de MM. Guéranger et Davoust.

148. A. MARCEANA, d'Orb., 1844. *Prod.*, n° 384. — Le Mans. — Col. de M. Guéranger.

Genre PINNA. Linné, 1758.

149. P. SUBTETRAGONA, d'Orb., 1847. *Prod.*, n° 397. — Le Mans. — Col. de M. Guéranger.

Genre MYOCONCHA. Sowerby, 1824.

150. M. ANGULATA, d'Orb., 1844. *Prod.*, n° 401. — Le Mans. — Col. de MM. Guéranger et Davoust.

151. M. FERRETI, Ed. Guér., 1853. *Rép., pal.*, n° 221. — La Trugale. — Col. de M. Guéranger.

Genre MITYLUS. Linné, 1758.

152. M. CHAUVINIANUS, d'Orb., 1847. *Prod*., n° 403. — Le Mans. — Col. de MM. Guéranger et Davoust.

153. M PILEOPSIS, d'Orb., 1844. *Prod.*, n° 404. — Le Mans, Yvré-l'Evêque. — Col. de MM. Guéranger et Davoust.

154. GALLIENNEI, d'Orb., 1844 *Prod.*, n° 405. — Coudrecieux, Coulaines. - Coll. de MM. Gallienne et Guéranger.

155. M. REVERSUS, d'Orb., 1847. *Prod.*, n° 408. — Le Mans. — Col. de M. Guéranger.

156. INORNATUS, d'Orb., 1844. *Prod.*, n° 409. — Le Mans. — Col. de MM. Guéranger et Davoust.

157. M. INTERRUPTUS d'Orb., 1844. *Prod*., n° 410. — Le Mans. — Col. de MM. Guéranger et Davoust.

158. M. SEMI-ORNATUS, d'Orb., 1844. *Prod.*, n° 411. — Le Mans. — Col. de MM. Guéranger et Davoust.

159. M. SUBFALCATUS, d'Orb., 1847. *Prod.*, n° 412. — Le Mans, Yvré. — Col. de M. Guéranger.

160. M. DILATATUS, d'Orb., 1844. *Prod.*, n° 413. — Le Mans. — Col. de M. Guéranger.

161. M. STRIATO-COSTATUS, d'Orb., 1844. *Prod.*, n° 414. — Le Mans. — Col. de M. Guéranger.

162. M. GUERANGERI, d'Orb., 1844. *Prod.*, n° 415. — Le Mans. — Col. de MM. Guéranger et Davoust.

163. M. ORNATISSIMUS, d'Orb., 1847. *Prod.*, n° 416. — Le Mans, Yvré, La Trugale. — Col. de M. Guéranger.

164. M. ALTERNATUS, d'Orb., 1844. *Prod.*, n° 417. — Le Mans. — Col. de M. Guéranger.

165. M. ORBICULATUS, d'Orb., 1847. *Prod.*, n° 418. — Le Mans. — Col. de MM. Guéranger et Davoust.

166. M. ORNATUS, Munster. — Le Mans, Yvré. — Col. de M. Guéranger.

167. M. DROUETI, Ed. Guér., 1853. *Rép. pal.*, n° 240. — Le Mans. — Col. de MM. Guéranger et Davoust.

Genre LITHODOMUS. Cuvier, 1817.

168. L. rugosus, d'Orb., 1844. *Prod.*, 425. – Le Mans. — Col. de MM. Guéranger et Davoust.

169. L. æqualis, d'Orb., 1844. *Prod.*, 426. — Le Mans. — Col. de MM. Guéranger et Davoust.

Genre LIMA. Bruguière, 1791.

170. L. rapa, d'Orb., 1845. *Prod.*, n° 431. — Coulaines, Le Mans, Coudrecieux. — Col. de MM. Guéranger et Davoust.

171. L. Gallienniana, d'Orb., 1845. *Prod.*, n° 433. — Coudrecieux, Yvré, La Trugale, Le Mans. — Col. de M. Guéranger.

172. L. ornata, d'Orb., 1845. *Prod.*, n° 436. — Le Mans. — Col. de MM. Guéranger, Chaudron et Davoust.

173. L. Cenomanensis, d'Orb., 1845. *Prod.*, n° 437. — Le Mans, Yvré, Coulaines. — Col. de MM. Guéranger, Chaudron, Davoust, Triger, musée de Précigné, musée du séminaire du Mans.

174. L. subconsobrina, d'Orb., 1847. *Prod.*, n° 439. — Le Mans. — Col. de MM. Guéranger et Davoust.

175. L. subæquilateralis, d'Orb., 1845, *Prod.*, n° 44. — Le Mans, Yvré. — Col. de MM. Chaudron, Guéranger et Davoust, musée de Précigné.

176. L. subabrupta, d'Orb., 1847. *Prod.*, n° 441. — Le Mans. — Col. de MM. Guéranger et Davoust.

177. L. Eolis, d'Orb., 1847, *Prod.*, n° 445. — Le Mans. — Col. de M. d'Orbigny.

178. L. minuta, Goldf., Ed. Guér. *Rép. pal.*, n° 257. — Le Mans. — Col. de M. Guéranger.

179. L. carinata? Goldf., Ed. Guér. *Rép. pal.*, n° 249; d'Orb. *Prod.* n° 450. — Coulaines. — Col. de M. Guéranger.

Genre AVICULA. Klein, 1753.

180. A. subplicata, d'Orb., 1847. *Prod.*, n° 456. — Le Mans. — Col. de M. Guéranger.

181. A. Cenomanensis, d'Orb., 1845. *Prod.*, n° 456. — Le Mans. — Col. de M. Guéranger.

182. A. interrupta, d'Orb., 1845. *Prod.*, n° 457. — Le Mans. — Col. de M. Guéranger.

Genre GERVILIA. Defrance, 1820.

183. G. enigma, d'Orb., 1845. *Prod.* n° 465. — Le Mans. — Col. de M. Guéranger.

184. G. aviculoides. Defrance, 1820. *Prod.*, n° 466. — Le Mans, Coulaines. — Col. de M. Guéranger.

Genre PERNA. Brug., 1791.

185. P. lanceolata, Geinitz, 1843. *Prod.*, n° 467. — Coudrecieux, La Trugale. — Col. de MM. Foucaud, Guéranger et Davoust.

186. P. Cenomanensis, Ed. Guér., 1853. *Rép. pal.*, n° 267. — Le Mans. — Col. de M. Guéranger.

187. P. flexuosa, Ed. Guér., 1853. *Rép. pal.*, n° 268. — Coulaines. — Col. de M. Guéranger.

Genre INOCERAMUS. Parkinson, 1811.

188. I. angulatus, d'Orb., 1845. *Prod.*, n° 472. — Sainte-Cérotte, Saint-Calais. — Col. de MM. Gallienne et Guéranger.

189. I. conicus, Ed. Guéranger, 1853. *Rép. pal.*, n° 272. — Coulaines, Le Mans. — Col. de M. Guéranger.

Genre PINNIGENA. Deluc.

190. P. Sarthensis, Ed. Guér., 1853. *Rép. pal.*, n° 274. — Pont-de-Gennes. — Col. de M. Guéranger.

Genre PECTEN. Gualteri, 1742.

191. P. virgatus, Nilson, 1827, d'Orb., *Prod.*, n° 476. — Le Mans, Sainte-Cérote. — Col. de MM. Guéranger, Chaudron, Davoust et Gallienne.

192. P. obliquus, d'Orb., 1846. *Prod.*, n° 478. — Coudrecieux, Le Mans, Yvré, La Trugale. — Col. de MM. Guéranger et Chaudron.

193. P. Neptuni, d'Orb., 1847. *Prod.*, n° 483. — Le Mans. — Col. de M. Guéranger.

194. P. Calypso? d'Orb., 1847. *Prod.*, n° 484. — Col. de M. Guéranger.

195. P. hispidus? Goldf., 1836. *Prod.*, n° 490. Ed. Guér., *Rép. pal.*, n° 285. — La Trugale, Yvré. — Col. de M. Guéranger.

Genre JANIRA. Schumacher, 1817.

196. J. longicauda, d'Orb. *Prod.*, n° 503. — Le Mans. — Col. de MM. Guéranger, Davoust et Chaudron.

197. J. digitalis, d'Orb., 1846. *Prod.*, n° 505. — Le Mans. — Col. de MM. Guéranger et Chaudron.

Genre HINNITES. Defrance, 1825.

198. H. gigantea, Ed. Guér., 1853. *Rép. pal.*, 294. — Coulaines, Bonnétable. — Col. de MM. Guéranger, Davoust et Chaudron.

BRACHIOPODES.

Genre CRANIA. Retzius, 1781.

199. C. Cenomanensis, d'Orb., 1847. *Prod.*, n° 557. — Le Mans, Yvré, Coulaines. – Col. de MM. Guéranger, Chaudron, Davoust, Foucaud, Levrot et Gallienne, musées du séminaire du Mans, de Précigné.

Genre CAPROTINA. d'Orb., 1842.

200. C. Cenomanensis, d'Orb., 1849, *Prod.*, n° 577'''. — Le Mans, Yvré. — Col. de MM. Guéranger, Chaudron et Davoust.

BRYOZOAIRES.

Genre VINCULARIA. Defrance, 1828.

201. V. Cenomana, d'Orb., 1847. *Prod.*, n° 578. — Le Mans. — Col. de M. de Lorière.

202. V. Lorierei, d'Orb., 1847. *Prod.*, n° 579. — Le Mans. — Col. de M. de Lorière.

Genre MEMBRANIPORA. Blainvil., 1834.

203. M. CENOMANA, d'Orb., 1847. *Prod.*, nº 580. — Le Mans. — Col. de M. de Lorière.

204. M. MEGAPORA, d'Orb., 1847. *Prod.*, nº 581. — Le Mans. — Col. de M. de Lorière.

Genre ESCHARINA. Edwards, 1836.

205. E. SARTHACENSIS, d'Orb., 1847. *Prod.*, nº 584. — Le Mans. — Col. de M. d'Orbigny.

Genre ESCHARA. Lamarck, 1816.

206? E. CENOMANA, d'Orb., 1847. *Prod.*, nº 587. — Le Mans. — Col. de M. d'Orbigny.

Genre CRISISINA. d'Orb., 1847.

207. C. PINNATA, d'Orb., 1847. *Prod.*, nº 592. — Le Mans. — Col. de M. d'Orbigny.

208. C. CENOMANA, d'Orb., 1847. *Prod.*, nº 593. — Le Mans. — Col. de M. d'Orbigny.

Genre IDMONEA. Lamouroux, 1821.

209. I. RAMOSA, d'Orb., 1845. *Prod.*, nº 594. — Le Mans. — Col. de M. d'Orbigny.

Genre DEFRANCIA. Rœmer, 1840.

210. D. CENOMANA, d'Orb., 1847. *Prod.*, 597. — Le Mans. — Col. de M. d'Orbigny.

Genre PELAGIA. Lamouroux, 1821.

211. P. INFUNDIBULUM, Michelin, 1845. *Prob.*, nº 599. — Le Mans, Yvré. — Col. de MM. Guéranger, Chaudron, Davoust, Levrot, musée de Précigné.

212. P. INSIGNIS, Michelin, 1845. *Prod.*, n 500. — Le Mans. — Col. de MM. d'Orbigny et Michelin.

Genre DIASTOPORA. Lamouroux, 1821.

213. D. ESCHAROIDES, Michelin, 1845, d'Orb. *Prod.*, nº 601. — Le Mans. — Col. de MM. d'Orbigny et Michelin.

Genre ENTALOPHORA. Lamouroux, 1821.

214. E. Vindinnensis, d'Orb., 1847. *Prod.*, n° 606. — Le Mans. — Col. de M. d'Orbigny.

215. E. pavonina, d'Orb., 1847. *Prod.*, n° 607. — Le Mans. — Col. de M. d'Orbigny.

216. 8. compressa, d'Orb., 1847. *Prod.* n° 608. — Le Mans. — Col. de M. d'Orbigny.

217. E. semiclausa, d'Orb., 1847. *Prod.*, n° 610. — Le Mans. — Col. de M. d'Orbigny.

Genre SPIROPORA. Lamouroux, 1821.

218. S. Cenomana, d'Orb., 1847. *Prod.*, n° 611. — Le Mans. — Col. de M. d'Orbigny.

219. S. glomerata, d'Orb., 1847. *Prod.*, n° 612. — Le Mans. — Col. de M. d'Orbigny.

Genre RADIOPORA. d'Orb., 1847.

220. R. formosa, d'Orb., 1847, sp. Michelin. *Prod.* n° 613. — Le Mans. — Col. de MM. d'Orbigny et Michelin.

Genre DOMOPORA. d'Orb., 1847.

221. D. clavula, d'Orb., 1847. *Prod.*, n° 617'. — Le Mans. — Col. de M. d'Orbigny.

Genre OSCULIPORA. d'Orb., 1847.

222. O. aculeata, d'Orb., 1847, sp. Michelin, d'Orb. *Prod.*, n° 621. — Le Mans. — Col. de MM. d'Orbigny et Michelin.

223. O. lateralis, d'Orb., 1847. *Prod.*, n° 622. — Le Mans. — Col. de M. d'Orbigny.

Genre FASCICULIPORA. d'Orb., 1839.

224. F. Menardi, d'Orb., 1847, sp. Mich. *Prod.*, n° 623. — Le Mans. — Col. de MM. d'Orbigny et Michelin.

Genre ZONOPORA. d'Orb., 1847.

225. Z. pseudo-spiralis, d'Orb., 1847, sp. Michelin. *Prod.*, n° 624. — Col. de M. Michelin.

ÉCHINODERNES.

Genre HOLASTER. Agassiz, 1835.

226. H. CENOMANENSIS, d'Orb. — Le Mans. — Col. de M. Davoust.

Genre PYGURUS. Agassiz, 1839.

227. PIGURUS TRILOBUS, Agassiz. — Le Mans, Coulaines. — Col. de MM. Guéranger et Chaudron.

Genre CODIOPSIS. Agassiz, 1840.

228. C. MICHELINI, Ed. Guér., 1853. *Rép. pal.*, n° 344. — Le Mans. — Col. de M. Guéranger.

Genre PSEUDODIADEMA. Desor.

229. P. BLANCHETI, Desor., *Synopsis*, p. 73. — Le Mans. — Col. de M. Davoust.

Genre PHYMOSOMA. Haime.

230. P. DIMIDIATUM, Desor., sp. Agassiz. — Le Mans. — Col. de M. ?

Genre CIDARIS. Lamarck, 1816.

231. C. ROEMERI, Cotteau, 1855. (C'est le C. Spinulosa, Agassiz, dont M. Cotteau a changé le nom, parce que, avant Agassiz, Rœmer avait un Cidaris spinulosa différent de celui-ci. — Le Mans, Bousse. — Col. de MM. de Lorière, Chaudron, Guéranger, Davoust, musée du séminaire du Mans et musée de Précigné.

Genre PERIASTER. d'Orb.

232. P. ELATUS, d'Orb., sp. Desor. — Le Mans. — Col. de M. ?

Genre ASTERIAS. Lamarck.

233. A CENOMANENSIS, Ed. Guér., 1853. *Rép. pal.*, n° 553. — Le Mans. — Col. de M. Guéranger.

Genre COMATULA. Lamarck.

234. C. ? PARADOXA, d'Orb., 1847. *Prod.*, n° 678. — Le Mans. — Col. de M. Guéranger.

Genre OPHIURA. Lamarck.

235. O. CRETACEA, Ed. Guér., 1853, *Rép. pal.*, n° 356. — Le Mans. — Col. de M. Guéranger.

Genre PENTACRINUS. Miller.

236. P. CENOMANENSIS, d'Orb., 1847. *Prod.*, n° 681. — Le Mans. — Col. de MM. Guéranger et Davoust.

ZOOPHITES.

Genre TROCHOCYATHUS. Edw. et Haime, 1848.

237. T. GRACILIS, Edw. et Haime, 1848. — Le Mans, Coulaines. — Col. de M. Guéranger.

Genre ACTINOSERIS. d'Orb., 1849.

238. A. CENOMANENSIS, d'Orb., 1849. *Prod.* n° 684. — Le Mans. — Col. de M. d'Orbigny.

Genre STYLOCYATHUS. d'Orb, 1849.

239. S. DENTALINA, d'Orb., 1849. *Prod.*, n° 685. — Le Mans. — Col. de M. d'Orbigny.

Genre ACTINOSMILIA. d'Orb., 1849.

240. A. CENOMANA, d'Orb., 1849. *Prod.*, n° 686, sp. Michelin. — Le Mans. — Col. de M. Guéranger.

Genre ELLIPSOSMILIA. d'Orb., 1847.

241. E. INÆQUALIS, d'Orb., 1847. *Prod.*, n° 689, sp. Michelin. — Le Mans. — Col. de M. Guéranger.

Genre LASMOPHYLLIA. d'Orb., 1847.

242. L. DISPAR, d'Orb., 1847. *Prod.*, n° 690', sp. Michelin. — Le Mans. — Col. de ?

Genre MONTLIVALTIA. Lamouroux, 1821.

243. M. GUERANGERI, Edw. et Haime, 1848. *Prod.*, n° 692'. — Le Mans. — Col. de M. Guéranger.

244. M. STRIATULATA, Edw. et Haime, 1848. *Prod.*, n° 692''. — Le Mans. — Col. de M. Guéranger.

245. M. INÆQUALIS, Edw. et Haime, 1848. *Rép. pal.*, n° 343. — Le Mans. — Col. de M. Guéranger.

246. M. PATERIFORMIS, Edw. et Haime, 1848. Guér. *Rép. pal.*, n° 365. — Le Mans. — Col. de M. Guéranger.

247. M. IRREGULARIS, Edw. et Haime, 1848. *Rép. pal.*, n° 367. — Le Mans. — Col. de M. Guéranger.

Genre POLYPHYLLIA. d'Orb., 1847.

248. P. PATELLATA, d'Orb., 1847, *Prod.*, n° 692''', sp. Lamarck. — Le Mans. Col. de M. Guéranger.

Genre MICROBACIA. Edw. et Haime, 1849.

249. MICROBACIA CORONULA, d'Orb., 1847. *Prod.*, n° 695, spec. Goldf. — Le Mans, Coulaines. — Col. de M. Guéranger.

Genre FUNGINELLA. d'Orb, 1847.

250. F. SEMIGLOBOSA, d'Orb., 1847. *Prod.*, n° 696, spec. Michelin. — Le Mans. — Col. de M. Guéranger.

Genre ACROSMILIA. d'Orb., 1847,

251. A. CENOMANA, d'Orb., 1849. *Prod.*, n° 699. — Le Mans. — Col. de M. d'Orbigny.

Genre DACTYLOSMILIA. d'Orb., 1849.

252. D. CENOMANA, d'Orb., 1849. *Prod.*, n° 700. — Le Mans. — Col. de M. d'Orbigny.

Genre BARYSMILIA. Edwars et Haime, 1848.

253. B. CORDIERI, Edw. et Haime, 1848. d'Orb., *Prod.*, n° 701. — Le Mans. — Col. de M. ?

Genre CYCLOCOENIA. d'Orb., 1847.

254. C. EXPLANATA. d'Orb., 1847. *Prod.*, n° 702, spec. Michelin. — Le Mans. — Col. de M. Guéranger.

Genre STEPHANOCOENIA. Edwards et Haime, 1848.

255. S. DESPORTESIANA, Edward et Haime, 1848. d'Orb., *Prod.*, n° 708, spec. Michelin. — Le Mans. — Col. de M. Guéranger.

Genre PRIONASTREA. Edwards et Haime, 1848.

256. P. AMBIGUA, d'Orb., 1849. *Prod.*, n° 713, spec. Michelin. — Le Mans. — Col. de M. Guéranger.

Genre SYNASTREA. Edwards et Haime, 1848.

257. S. MAGNA, d'Orb., 1849. *Prod.*, n° 717. — Le Mans — Col. de MM. Guéranger et Davoust.

258. S. DECIPIENS, Edw. et Haime, 1849. *Prod.*, n° 718, spec. Michelin. — Le Mans, Yvré. — Col. de MM. Guéranger et Davoust.

259. S. SUPERPOSITA, Edw. et Haime, 1849. *Prod.*, n° 718', spec. Michelin. — Le Mans. — Col. de M. Guéranger.

260. S. LUDOVICINA, Edw. et Haime, 1849. *Rép. pal.*, n° 576, spec. Michelin. — Le Mans. — Col. de M. Guéranger.

Genre POLYTREMA. Risso, 1826.

261. P. CLAVULA, d'Orb., 1847. *Prod.*, n° 726, spec. Michelin. — Le Mans. — Col. de M. Guéranger.

262. P. LOBATA, d'Orb., 1847. *Prod.*, n° 727, spec. Michelin. — Le Mans, Yvré. — Col. de M. Guéranger.

263. P. TRUNCATA, d'Orb., 1847. *Prod.*, n° 729, spec. Michelin. — Yvré. — Col. de M. Guéranger.

264. P. AVELLANA, d'Orb., 1847. *Prod.*, n° 730, spec. Michelin. — Le Mans, Coulaines. — Col. de M. Guéranger.

265. P. PSEUDOTUBEROSA, d'Orb., 1847. *Prod.*, n° 731, spec. Michelin. — Le Mans. — Col. de M. Guéranger.

266. P. LICHENIFORMIS, d'Orb., 1847. *Prod.*, n° 731', spec. Michelin — Le Mans. — Col. de M. Guéranger.

Genre CERIOPORA. Goldf., 1826.

267. C. HETEROPORA, d'Orb., 1847. *Prod.*, n° 735. — Le Mans. — Col. de M. d'Orbigny.

268. C. CENOMANA, d'Orb., 1847. *Prod.*, n° 738. — Le Mans. — Col. de M. d'Orbigny.

Genre LEPTOPORA. d'Orb., 1849.

269. L. ELEGANS, d'Orb., 1847. *Prod.*, n° 741. — Le Mans. — Col. de M. d'Orbigny.

FORAMINIFÈRES.

Genre NODOSARIA., Lamarck.

270. N. ORBIGNYI, Ed. Guér., 1853. *Rép. pal.*, n° 387. — Le Mans. — Col. de M. Guéranger.

Genre DENTALINA. d'Orb., 1825.

271. D. CENOMANA, d'Orb., 1847. *Prod.* n° 747. — Le Mans. — Col. de M. d'Orbigny.

272. D. SARTHACENSIS, d'Orb., 1847. *Prod.*, n° 748. — Le Mans. — Col. de M. d'Orbigny.

Genre FRONDICULARIA. Defrance, 1825.

273. F. CAUDATA, d'Orb., 1847. *Prod.*, n° 749. — Le Mans. — Col. de M. d'Orbigny.

Genre VAGINULINA. d'Orb., 1825.

274. V. CITHARINA, d'Orb., 1847. *Prod.*, n° 750. — Le Mans. — Col. de M. d'Orbigny.

275. V. STRIATO-COSTATA, d'Orb., 1847. *Prod.*, n° 751. — Le Mans. — Col. de M. d'Orbigny.

Genre FLABELLINA. d'Orb., 1846.

276. F. CENOMANA, d'Orb., 1847. *Prod.*, n° 753. — Le Mans. — Col. de M. Guéranger.

277. F. OVALIS, d'Orb., 1847. *Prod.*, n° 754. — Le Mans. — Col. de M. Guéranger.

Genre PLACOPSILINA. d'Orb., 1847.

278. P. CENOMANA, d'Orb., 1847. *Prod.*, n° 758. — Le Mans. — Col. de M. d'Orbigny.

Genre BULIMINA. d'Orb., 1825.

279. B. CENOMANA, d'Orb., 1847. *Prod.*, n° 759. — Le Mans. — Col. de M. d'Orbigny.

280. B. SARTHACENSIS, d'Orb., 1847. *Prod.*, n° 760. Le Mans. — Col. de M. d'Orbigny.

Genre POLYMORPHINA. d'Orb., 1825.

281. P. CENOMANENSIS, d'Orb., 1847. *Prod.*, n° 761. — Le Mans. — Col. de M. d'Orbigny.

AMORPHOZOAIRES.

Genre EUDEA. Lamouroux, 1821.

282. E. CYLINDRICA, d'Orb., 1847. *Prod.*, n° 764', sp. Michelin. — Le Mans. — Col. de M. Guéranger.

Genre HIPPALIMUS. Lamouroux, 1821.

283. H. MULTIDIGITATUS, d'Orb., 1847. *Prod.*, n° 776, sp. Michelin. — Le Mans. — Col. de M. Guéranger.

284. H. FURCATUS, d'Orb., 1847. *Prod.*, n° 778, sp. Goldf. — Le Mans. — Col. de M. Guéranger.

Genre TREMOSPONGIA. d'Orb., 1847.

285. T. SPHÆRICA? d'Orb., 1847. *Prod.*, n° 779, sp. Mich. — Le Mans. — Col. de M. Guéranger.

Genre CUPULOSPONGIA. d'Orb., 1847.

286. C. TRIGERIS, d'Orb., 1847. *Prod.*, n° 795, sp. Mich. — Le Mans. — Col. de M. Guéranger.

Genre AMORPHOSPONGIA. d'Orb., 1847.

287. A. INFORMIS, d'Orb., 1847. *Prod.*, n° 800, sp. Mich. — Le Mans. — Col. de M. Guéranger.

VÉGÉTAUX.

Genre ZAMIOSTROBUS. Endlicher.

288. Z. GUERANGERI, Ad. Brongn. (Ed. Guér. *Rép. pal.*,) n° 399. — Le Mans. — Col. de M. Guéranger.

22e *étage*. — SÉNONIEN, A. d'Orbigny.

LAMELLIBRANCHES.

Genre PINNIGENA. Deluc.

1. P. ULTIMA, Ed. Guér., 1853. *Rép. pal.*, n° 14. — Saint Fraimbault. — Col. de M. Guéranger.

BRACHIOPODES.

Genre TEREBRATELLA. d'Orb.

2. T. BOURGEOISII, d'Orb., 1847. *Prod.*, n° 967. — Lavardin, Le Luard, Saint-Calais, Connerré, Mézières-sous-Ballon.

— Col. de MM. Guéranger, Triger, de Lorière, Davoust et Gallienne.

BRYOZOAIRES.

Genre LUNULITES. Lamarck, 1816.

3. Bourgeoisii, d'Orb., 1850. *Prod.*, n° 1084. — Saint-Fraimbault. — Col. de M. Guéranger.

ÉCHINODERMES.

Genre CIDARIS. Lamarck.

4. C. Sarthacensis, d'Orb., 1847. — La Flèche. — Col. de M. d'Orbigny.

(*Extrait du Bulletin de la Société d'Agriculture, Sciences et Arts de la Sarthe.*)

Le Mans, Imprimerie Monnoyer. — Février 1856.

www.ingramcontent.com/pod-product-compliance
Ingram Content Group UK Ltd.
Pitfield, Milton Keynes, MK11 3LW, UK
UKHW021016200726
13857UKWH00004B/1477